中国碳排放权交易市场

从原理到实践

唐人虎　陈志斌　等　编著

电子工业出版社

Publishing House of Electronics Industry

北京·BEIJING

内 容 简 介

碳排放权交易是我国实现"双碳"目标的核心政策，未来碳市场的年交易额有望达到万亿元。本书结合 2005 年以来全球碳市场的实践经验，从原理、碳市场历史、试点实践、全国碳市场制度等角度向读者进行介绍，并从各级政府、重点排放企业、第三方机构等不同相关方的角度提出了参与碳市场的建议，能够帮助零基础的读者全面、系统、深入地认识碳市场。

图书在版编目（CIP）数据

中国碳排放权交易市场：从原理到实践 / 唐人虎等编著 . —北京：电子工业出版社，2022.6

ISBN 978-7-121-43399-3

Ⅰ . ①中…　　Ⅱ . ①唐…　　Ⅲ . ①二氧化碳—排污交易—市场—研究—中国　　Ⅳ . ① X511

中国版本图书馆 CIP 数据核字（2022）第 075021 号

责任编辑：雷洪勤　　文字编辑：张　京
印　　　刷：北京捷迅佳彩印刷有限公司
装　　　订：北京捷迅佳彩印刷有限公司
出版发行：电子工业出版社
　　　　　北京市海淀区万寿路 173 信箱　　邮编：100036
开　　本：720×1000　1/16　印张：16.75　字数：260 千字
版　　次：2022 年 6 月第 1 版
印　　次：2025 年 3 月第 7 次印刷
定　　价：69.80 元

编委会名单

主　编：唐人虎　陈志斌

副主编：张　丰　林立身

编　委：

张佳明　赵翼泽　刘卓君　杨紫薇　刘焰真

乔　绚　王文强　裴定宇　孟兵站　田　喆

序

PREFACE

让市场机制成为助力"双碳"目标的重要推手

气候变化是全人类的共同挑战。政府间气候变化专门委员会（IPCC）在 2022 年 2 月发布的《气候变化 2022：影响、适应和脆弱性》评估报告中指出，人为造成的气候变化正给自然界造成危险而广泛的损害，全球大约有 33 亿至 36 亿人生活在气候变化高脆弱环境中。如果平均温度上升超过 2℃，陆地生态系统物种的 3%～18% 将有可能面临高灭绝风险，地球生态系统面临不可逆的毁灭性风险。我国地域辽阔，部分地区（高山、沿海等）属于高脆弱性地区，国民健康、粮食生产、城市基础设施等同样面临气候变化带来的极端气象灾害风险。因此，应对气候变化，关乎人类前途命运。

作为负责任的大国，我国高度重视应对气候变化工作，以中国理念和实践引领全球气候治理新格局，是全球生态文明建设的重要参与者、贡献者和引领者。自习近平总书记在 2020 年 9 月 22 日向全世界宣布我国"双碳"目标以来，国内政策体系不断完善，从《中共中央关于制定国民经济和社会发展第十四个五年规划和二〇三五年远景目标的建议》，到《关于完整准确全面贯彻新发展理念做好碳达峰碳中和工作的意见》，再到《2030 年前碳达峰行动方案》，中央推动碳达峰、碳中和力度前所未有，将对现行能源和工业体系进行一场广泛而深刻的系统性变革，并对我国未来经济和社会发展产生根本性、革命性、长期性影响。

与发达国家相比，我国实现"双碳"目标时间更紧、幅度更大、困难更多、任务异常艰巨。不过，"双碳"目标对我国的经济社会发展既是挑战也是机遇。在碳排放约束下，各个产业必须由粗放型发展转向精细化高质量发展，传统产业中以低碳为导向率先转型升级的领先企业将得到更好发展机遇和更强市场竞争力，高端制造等新兴产业凭借自身的低碳属性和高技术禀赋，也将迎来新一轮快速发展，这将持续形成绿色低碳发展新动能，促进经济社会全面绿色转型，实现发展方式的根本转变。

要实现全社会低碳转型，除采取强制行政措施或通过财税方法影响产业发展外，一个普遍做法是针对实际的碳排放和碳减排进行量化和定价，从而将温室气体排放的负外部性内部化，纠正市场失灵。受碳定价政策的引导，排放企业和投资者通过评估碳价对其成本和收益的影响，能够识别潜在气候风险、减排成本和盈利机会，从而引导其将资金流向低排放和产业和技术创新中去。通过这种方法，政府真正将碳排放变为企业内部决策的重要因素，推动企业积极且持续地进行低碳转型。

为此，在充分借鉴国际经验的基础上，我国自 2013 年启动了试点碳排放权交易市场，并在 2021 年启动了全国碳排放权交易市场。这意味着，我国已经进入"排碳有成本，减排有收益"的时代。随着碳排放权交易制度不断完善，我国碳价不仅对碳市场管控的重点排放企业产生影响，也能帮助金融机构在更广泛的气候投融资中对碳减排的经济效益定价，对各行各业落实"双碳"目标有着深远影响。

国内外碳市场经验表明，碳排放权交易体系从一项经济学理论发展到引导全社会转型的政策工具，其建立从来不是一蹴而就的事，需要政府、企业、审核机构、投资机构等各相关方积极参与，共同推动，持续完善。《中国碳排放权交易市场：从原理到实践》一书，以碳市场的原理为起点，介绍中国碳市场从试点到全国统一市场的演变历程，解剖全国碳市场政策，并分别从地方政府、重点排放企业、第三方核查机构、减排项目业主、投资机构等不同参与方角度，提出建设完善碳市场的中肯意见。希望本书的面世，能够让越来越多的人认识和参与碳排放权交易市场，成为推动我国碳市场不断完善、碳金融创新积极开展的推手，最终为实现以市场机制撬动社会资源助力"双碳"目标做出积极贡献。

中信集团原董事长

中信改革发展研究基金会理事长

莫干山研究院名誉院长

孔丹

前　言

P R E F A C E

本书讲的是碳排放权交易如何从一个经济学理论一步一步地成为影响企业实际生产的政策，再通过各相关方的积极参与，有望成为年交易量超万亿元的交易市场。这本书写给所有对碳市场有兴趣的读者，希望能够帮助他们对纷繁复杂的政策文件进行整理，系统地理解碳市场运行机制，并找到参与碳市场的方式。

习近平总书记在 2020 年向全世界宣布了我国的"双碳"目标，全国碳市场随即启动交易。我国对大部分温室气体排放提出量化控制要求，全国碳市场的进展受到国内外的广泛关注。碳排放权交易体系涉及覆盖范围的确定、排放监测报告核查、配额总量的确定、配额分配、配额清缴履约、配额交易、抵消信用使用、市场监管、支撑系统等一系列技术问题，比一般的实物商品交易市场更为复杂和抽象。如果缺乏系统梳理，容易陷入一个个微观技术细节中顾此失彼，难以形成对市场的整体把握和动态理解。

本书既不是对专业的环境经济学或气候变化经济学的量化研究，也不是为了解决碳排放如何监测等碳市场中的技术问题，而是对碳排放权政策的梳理和解读。编写团队尽量用通俗的语言向关注碳市场的读者传达核心内容和观念：在碳排放权交易从一项经济学理论转变为实际政策的过程中，需要结合当地的减排目标、经济结构、政府治理制度、已有关联政策等因素，因地制宜地制定具体政策措施，并根据实施情况不断完善，"边做边学"。碳排放权交易体系自身是一个复杂的生态系统，同时还会与更复杂的能源市场互相作用，要避免简单地依靠经济学理论或国外的经验进行先入为主的判断，而忽略了对现实情况的关注。

我国发展碳排放权交易的历史很好地证明了这一观点。早在 2013 年，我国就开始在"两省五市"启动了碳排放权交易试点，是最早推行此制度的发展中国家。和先行者欧盟碳市场相比，我国存在碳排放尚未达峰、电力市场化程度低等特点，不能直接使用欧盟政策设计。在吸取欧盟碳市场经验教训的基础上，创造性地提出自下而上的总量设定方法及以降低碳强度为目的的配额分配方法等制度，不仅为全国碳市场建设提供了经验，对越南、泰国等发展中国家设计本国碳排放权交易体系也具有重要的参考意义，对碳排放权交易体系在全球的推广做出了重要贡献。

为了系统、全面地介绍碳排放权交易制度在中国的实践，本书共分九章，从背景原理、试点实践、全国碳市场制度、相关方如何参与等角度向读者进行介绍。第 1 章为碳市场建设背景，回顾了碳排放权交易在全球气候治理中的作用，帮助读者理解我国在"双碳"目标下推行碳排放权交易的原因。第 2 章为碳排放权交易体系基本知识及运作方式，系统阐述了碳排放权交易中各项要素的作用和相互联系。第 3 章为中国碳市场发展现状和制度设计，回顾了试点的经验，重点介绍全国碳市场各项要素设计，帮助读者深入掌握全国碳市场运行制度。第 4 ~ 8 章从各级政府部门、纳入碳市场管理的重点排放单位、减排项目业主、第三方核查机构、金融机构等不同角度，阐述了各相关方参与碳市场的重点工作。第 9 章为全国碳市场发展展望，提出了碳市场可能的发展方向。

本书的编写团队主要来自北京中创碳投科技有限公司，北京中创碳投科技有限公司长期参与我国碳排放权交易制度的研究、实施和推广，向各级地方政府、主要排放企业提供碳排放咨询服务。在编写过程中，我们与国内外的行业专家、政府官员开展深度交流，这些经历影响乃至塑造了本书的视角和框架。感谢在这个过程中提供帮助的各位领导和专家。

最后，本书定稿于 2022 年 2 月，彼时全国碳市场已完成首个履约期（2019—2020 年度）碳排放配额的清缴履约，因此本书相当于对全国碳市场首个履约周期的政策分析和总结。由于国家主管部门在不断对全国碳市场进行评估完善，当读者阅读本书时，部分描述和观点有可能已经和现实不符，请读者注意。此外，由于编写时间有限，本书难免有一定错漏，希望读者批评指正。以上问题争取再版时改正完善。

唐人虎

2022 年 5 月

目　　录

CONTENTS

第 3 章 | Chapter 3

中国碳市场发展现状和制度设计 ·············· 56

第 6 章 │ Chapter 6

第 7 章 | Chapter 7

第三方核查机构实操指南 ·· 183

第 8 章 | Chapter 8

碳排放权交易实操指南 ··· 210

第 1 章
碳市场建设背景

⋯⋯⋯⋯⋯ ▼ ⋯⋯⋯⋯⋯

气候变化问题不仅是 21 世纪人类生存和发展面临的严峻挑战，也是当前国际政治、经济、外交博弈中的重大全球性问题。自"十二五"以来，我国在国内开展了一系列应对气候变化的工作，在国际上于 2016 年加入了《巴黎协定》，积极推动全球减排行动，成为全球应对气候变化的参与者、贡献者和引领者。

碳排放权交易机制作为促进低碳转型的重要措施，在全球备受青睐。过去十多年，碳排放权交易市场（以下简称碳市场）在全球范围内迅速扩张，其覆盖的温室气体占全球温室气体的比例从 2005 年的 5% 扩大到 2021 年的 16%，在美国、欧洲等国家和地区证明了其有效性。碳排放权交易机制也是我国实现碳达峰、碳中和的重要工具和抓手，自 2013 年起陆续启动的 8 个区域碳市场证明了碳市场在我国的可行性。2021 年正式启动交易的全国碳市场标志着碳排放权交易制度成为我国推进生态文明建设、推动绿色低碳发展、推动碳达峰与碳中和工作的重要内容之一。

1.1 气候变化是人类面临的严峻挑战

1.1.1 气候变化的影响和危害

作为气候科学领域最权威的机构之一，联合国政府间气候变化专门委员会（Intergovernmental Panel for Climate Change，IPCC）从 1990 年至今发布了 6 次评估报告。该报告被全球政府承认，是联合国气候谈判的科学基础。

根据 IPCC 2021 年 8 月发布的第六次评估报告，2011—2020 年全球地表平均温度要比 1850—1900 年上升 1.09℃，比 2014 年第五次评估报告中发布的数据高了 0.29℃。科学家识别了自然变化对气温的影响，指出其中 1.07℃的温升是由人类活动导致的温室气体排放引起的，而非气候的自然改变。与第五次评估报告相比，第六次评估报告中最关键的进展之一是，人为造成的全球气候变暖与日益严重的极端天气之间的联系得到了加强。"毋庸置疑，人类活动使大气、海洋和陆地变暖。大气、海洋、冰冻圈和生物圈发生了广泛而迅速的变化。"第六次评估报告开篇的第一句话传递出了 IPCC 迄今发出的最强有力的信号。

联合国秘书长古特雷斯指出："这份报告（IPCC 第六次评估报告）是人类的红色警报。警钟震耳欲聋，证据无可辩驳：燃烧化石燃料和森林砍伐所产生的温室气体排放正使我们的地球窒息，并使数十亿人面临直接风险。"

IPCC 第六次评估报告还指出，当前人类对气候的影响是"明确的"：目前地球升温的速度是最近 2 000 年以来前所未有的。2019 年，大气中二氧化碳（化学式 CO_2）的浓度处于至少 200 万年来的最高点，甲烷（化学式 CH_4）和一氧化二氮（化学式 N_2O）两种关键温室气体的浓度也处于至少 80 万年来的最高点。由于温室气体浓度上升，气候变暖的速度正在加快，全球地表温度在从 1970 年到现在上升的速度比过去至少 2 000 年间的任意等长时间段都快。

气候变化导致极端气象灾害频发。自 1950 年以来，大多数陆地地区的极端炎热、热浪和暴雨变得更加频繁和剧烈。并且，如果没有人类对气候的影响，近些年发生的一些极端炎热天气很可能不会发生。更多的碳排放也会削弱土壤和海洋的固碳能力，使得升温更加严重。近年来，北美的持续高温、西欧和东亚的暴雨洪水、西伯利亚和东地中海的森林大火只是对这一未来的预演。

从经济方面来看，根据瑞士再保险研究所在 2021 年发布的报告《气候变化经济学：不采取行动不是一种选择》，到 2050 年，由于气候变化，全球经济可能会损失 10% 的 GDP。据预测，气候变化的影响对亚洲经济体的影响最为严重，在最佳情况下对 GDP 的影响为 5.5%，在严重情况下为 26.5%。在严峻的形势下，中国有可能损失近 24% 的 GDP，而美国、加拿大和英国的预测损失为 10%，欧洲为 11%。

要避免全球进一步变暖，各国必须推行"净零计划"。科学家们明确指出，各国还需要控制 CO_2 以外的其他温室气体的排放，尤其是控制 CH_4 排放。倘若未来几十年碳排放量没有下降，那么全球温升将很有可能达到 3℃，甚至有可能达到 4℃ ~ 5℃。

然而，该报告中的内容并非都是坏消息，人类仍然可以阻止地球继续变暖。要做到这一点，各国需要协同努力，立即开始迅速放弃化石燃料，到 2050 年左右停止向大气中排放 CO_2。该报告总结说，如果努力见效，全球变暖的过程很可能会停止，但全球气温仍将比工业化前的水平高出 1.5℃ 左右。IPCC 第六次评估报告的作者之一，利兹大学的皮尔·福斯特（Piers Forster）教授认为，近期的减排可以"真正降低前所未有的变暖率"。他补充说："该报告确实科学而有力地表明，净零度确实有助于稳定甚至降低地表温度。"

1.1.2 全球合作应对气候变化

全球温室气体累积排放过多是造成气候变化的原因，必须形成全球共识，摆脱对化石燃料的依赖，完成低碳转型，才能解决问题。国际社会自20世纪80年代起就广泛开展合作，积极探索应对气候变化的方法和路径。在联合国的主持下，先后谈判制定了《联合国气候变化框架公约》、《京都议定书》和《巴黎协定》，构成了目前全球开展气候变化合作的三大国际性法律文件（见图1-1）。自1995年起，《联合国气候变化框架公约》缔约国每年12月都会召开缔约方大会（2020年因新型冠状病毒肺炎疫情延期到2021年10月），至2021年年底已举办了26届，收获了丰硕的成果。尤其是《巴黎协定》的快速生效，再次表明气候变化是人类有史以来最具共识的议题之一。随着全球应对气候变化进程的推进，国际社会为气候变化设定了长期目标，即把全球平均气温较工业化前的上升幅度控制在2℃以内，并努力控制在1.5℃以内。

由温室气体排放所引起的气候变化已经成为影响全人类共同命运的重要威胁之一。为了研究气候变化的科学、影响及对策等问题，联合国环境规划署和世界气象组织于1988年成立了IPCC。在IPCC研究成果的基础上，联合国大会在1990年12月通过了第45/212号决议，决定在联合国大会的主持下成立政府间气候变化谈判委员会，在联合国环境规划署和世界气象组织的支持下谈判制定一项气候变化框架公约，即后来的《联合国气候变化框架公约》。此后，国际上在科学和政治方面频繁地开展研究和讨论，形成了后来的《京都议定书》和《巴黎协定》等国际条约，为全球应对气候变化的行动（见图1-2）做出了统一安排。

世界各国于1992年联合国环境与发展大会前就《联合国气候变化框架公约》文本达成了妥协。该公约开宗明义，"承认地球气候的变化及其不利影响是人类共同关心的问题"，并认为人类活动已大幅增加了大气中温室气体的浓度，这种增加增强了自然温室效应，将引起地球表面和大气进一步升温，并可能对自然生态系统和人类产生不利影响。而应对气候变化

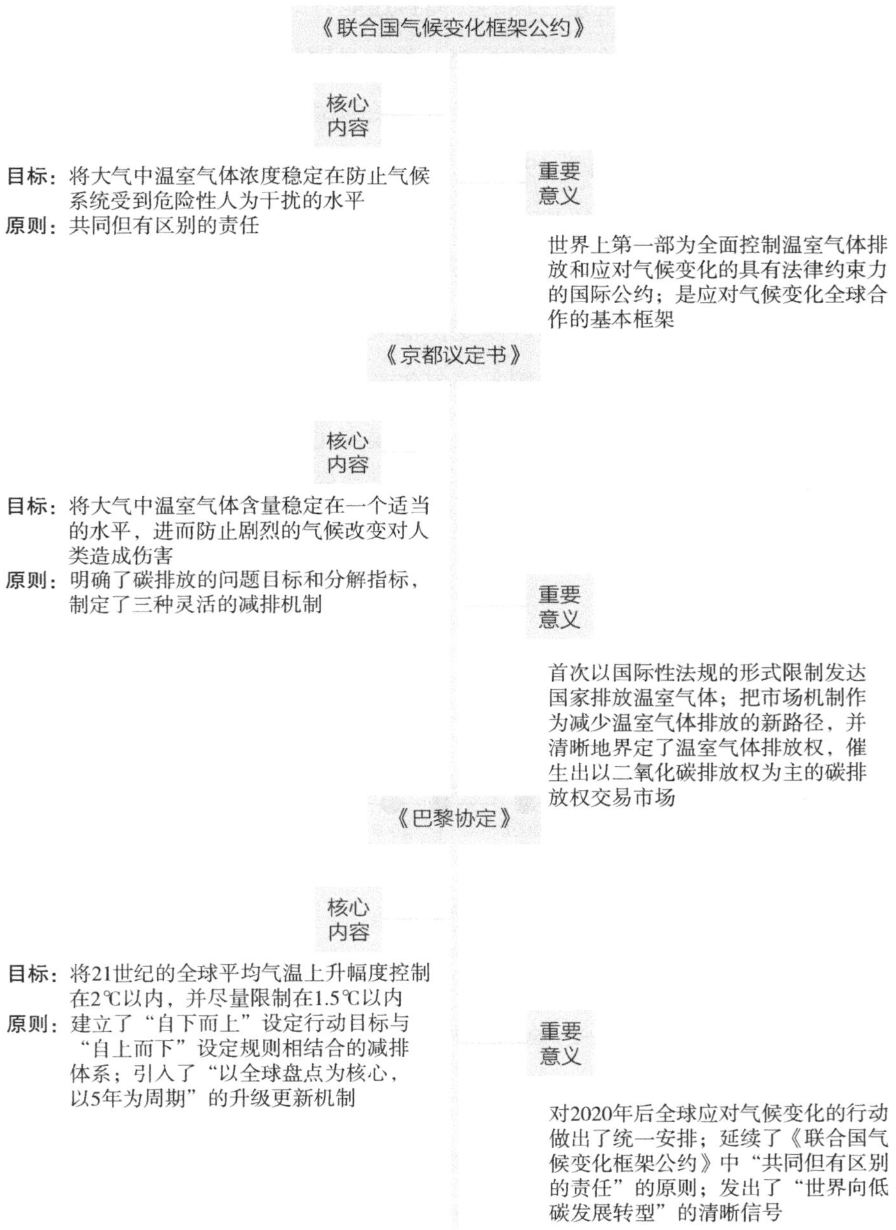

《联合国气候变化框架公约》

核心内容

目标：将大气中温室气体浓度稳定在防止气候系统受到危险性人为干扰的水平
原则：共同但有区别的责任

重要意义

世界上第一部为全面控制温室气体排放和应对气候变化的具有法律约束力的国际公约；是应对气候变化全球合作的基本框架

《京都议定书》

核心内容

目标：将大气中温室气体含量稳定在一个适当的水平，进而防止剧烈的气候改变对人类造成伤害
原则：明确了碳排放的问题目标和分解指标，制定了三种灵活的减排机制

重要意义

首次以国际性法规的形式限制发达国家排放温室气体；把市场机制作为减少温室气体排放的新路径，并清晰地界定了温室气体排放权，催生出以二氧化碳排放权为主的碳排放权交易市场

《巴黎协定》

核心内容

目标：将21世纪的全球平均气温上升幅度控制在2℃以内，并尽量限制在1.5℃以内
原则：建立了"自下而上"设定行动目标与"自上而下"设定规则相结合的减排体系；引入了"以全球盘点为核心，以5年为周期"的升级更新机制

重要意义

对2020年后全球应对气候变化的行动做出了统一安排；延续了《联合国气候变化框架公约》中"共同但有区别的责任"的原则；发出了"世界向低碳发展转型"的清晰信号

图 1-1　应对气候变化的三大国际性法律文件

的各种行动本身在经济上是合理的，而且还能有助于解决其他环境问题。从这一点来看，《联合国气候变化框架公约》是国际社会朝着共同控制温室气体排放的目标迈出的一大步，为以后漫长的国际气候变化谈判奠定了基调，确定了原则。该公约于 1994 年 3 月生效，成为人类历史上第一个旨在全面控制温室气体排放以应对全球气候变暖给人类经济和社会带来的不利影响的国际公约。截至 2021 年 12 月 31 日，共有 197 个国家和地区在该公约上签字。自从《联合国气候变化框架公约》和《京都议定书》生效以后，各国围绕这两份文件的履行，每年都要举行一次缔约方会议，以评估应对气候变化的进展。然而《联合国气候变化框架公约》中没有对个别缔约方规定具体承担的义务，也没有规定具体实施机制，需要在后续谈判中予以确定。

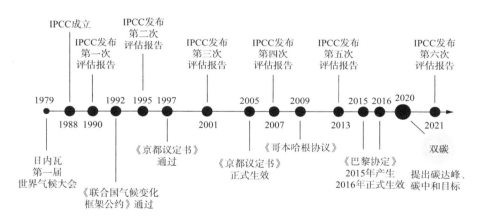

图 1-2　全球应对气候变化的主要行动

1997 年通过的《京都议定书》标志着人类社会开始以实际行动积极应对气候变化。《京都议定书》首次以国际法律性文件的形式定量确定了工业化国家排放温室气体的限额，这成为《京都议定书》最引人注目的特点。《京都议定书》要求附件 B 缔约方（基本为《联合国气候变化框架公约》

中所列的缔约方）以它们 1990 年的温室气体排放水平为基准，在 2008—2012 年间将 CO_2、CH_4、N_2O、HFCs、PFCs、SF_6 6 种温室气体的排放量平均削减至少 5%。不同的工业化国家承诺了不同的削减幅度，其中欧盟作为一个整体，和其他几个欧洲国家一起，将 6 种温室气体的排放量削减 8%，美国削减 7%，日本和加拿大削减 6%。《京都议定书》允许澳大利亚增加温室气体排放量 8%，挪威增加 1%，冰岛增加 10%，俄罗斯、乌克兰、新西兰等国可以维持它们 1990 年的排放水平。对于广大发展中国家，《京都议定书》仍没有规定明确的强制性减排目标，只是要求包括温室气体排放大国的中国和印度在内的发展中国家制定自愿削减温室气体排放量目标。

2009 年哥本哈根气候大会未达成《京都议定书》第二承诺期（2013 年 1 月 1 日开始至 2020 年 12 月 31 日）有约束力的目标，国际气候谈判矛盾交错，《京都议定书》的减排模式未能获得发达国家的支持，美国、加拿大、日本、俄罗斯退出京都议定书。国际气候变化谈判和合作进入低潮期。

在 2015 年 12 月 12 日的《联合国气候变化框架公约》第 21 次缔约方大会上，195 个缔约国签署了《巴黎协定》，正式对 2020 年后全球气候治理进行了制度性安排，打开了全球气候治理的新格局。

《京都议定书》完全坚持了共同但有区别的责任与各自能力原则，规定发达国家应强制减排，而发展中国家则无须承担强制性减排任务，这是一种自上而下的制度安排。这种刚性要求限制了减排的责任主体，其执行的效果更因部分发达国家拒绝执行具体减排指标而大打折扣。而《巴黎协定》采取了缔约的方式，以"自主贡献+盘点"的形式自下而上地安排减排目标和行动，强调减排的差异性与自主性，通过权衡各方诉求，激励各国积极参与全球气候治理，有利于实现各国乃至全球总体的减排限排目标，这样的法律形式符合当前国际社会的现实需要与全球气候合作治理的新格局。

"自主贡献＋盘点"是《巴黎协定》确立的全球减排行动框架，通过国家自主贡献及公布各自的排放量以确保透明度，利用全球盘点促进日益深化的行动力度。在备受各方关注的国家自主贡献问题上，根据协定，各方将以"自主贡献"的方式参与全球应对气候变化行动。各方应该根据各自不同的国情，逐步增加当前的自主贡献，并用最大的力度贡献，同时负有共同但有区别的责任。与《京都议定书》不同的是，《巴黎协定》中对各缔约国的层次划分由发展中国家和发达国家细分到发达国家、发展中国家、最不发达国家和小岛屿发展中国家。发达国家将继续带头减排，并加强对发展中国家资金、技术和能力建设的支持，帮助后者减缓和适应气候变化。此外，《巴黎协定》规定于 2018 年安排一次盘点各国自主贡献整体力度的"促进性对话"，算是全球盘点机制的一次预演，以评估减排进展与长期目标的差距，推动各国制定新的自主贡献承诺。此次对话于 2018年《联合国气候变化框架公约》第 23 次缔约方大会上展开，在此基础上，从 2023 年起，每 5 年将对全球应对行动的总体进展进行一次盘点，以帮助各国加大减排力度，加强国际合作，兑现全球应对气候变化长期目标。同年 IPCC 提交了一份关于全球升温 1.5℃的影响及其相关全球排放路径的专题评估报告，敦促全球进一步加大减排力度。

虽然《巴黎协定》于 2015 年通过，并且在 2016 年 11 月迅速生效，但彼时的《巴黎协定》仍是一个制度框架，各缔约方需在特设工作组和公约附属机构下就协定条款的实施进一步制定细化导则。2021 年 11 月 14 日，《联合国气候变化框架公约》第 26 次缔约方大会在英国格拉斯哥顺利闭幕。大会形成了《格拉斯哥气候协议》，就《巴黎协定》第六条、透明度、国家自主贡献共同时间框架等问题形成了统一意见，在气候适应、资金支持方面提出了新的目标和举措，为各国落实《巴黎协定》提供了规则、模式和程序上的指引。《格拉斯哥气候协议》的达成，意味着各缔约方就《巴黎协定》实施细则最终达成一致，《巴黎协定》真正进入实施阶段，全球踏上21 世纪中叶碳中和的征途。

1.2 碳排放权交易：以市场机制应对气候变化

1.2.1 碳市场"奖优淘劣"，创新发展路径

碳市场是应对气候变化的重要政策工具之一，其最大的创新之处在于通过"市场化"的方式为温室气体排放定价。通过发挥市场机制的作用，合理配置资源，在交易过程中形成有效碳价并向各行业传导，激励企业淘汰落后产能、转型升级或加大研发投资。碳市场机制的建立，特别是碳金融的发展，有助于推动社会资本向低碳领域流动，鼓励低碳技术和低碳产品的创新，培育推动经济增长的新型生产模式和商业模式，为培育和创新发展低碳经济提供动力。

在全球新型冠状病毒肺炎（以下简称新冠肺炎）疫情尚未得到有效控制的情况下，各国的经济活动都受到了不同程度的影响，并对各地碳市场的运行带来了一定程度的冲击，导致碳价下跌。但主要碳市场表现出了市场韧性，经历了短时间的波动后，价格稳步回升，经受住了新冠肺炎疫情的冲击。各国家和地区纷纷提出碳中和目标，重视和加大了对低碳绿色发展的投入。究其原因，应对气候变化、发展低碳经济、加大对新能源和可再生能源领域的投资，不但有利于减少污染物排放，更有利于刺激本国经济走出发展困境，促进新的就业岗位和制造新的经济增长点，从而拉动经济的可持续恢复和增长，提高长远竞争力。

以美国 GDP 排名第一的加利福尼亚州为例，为实现"到 2020 年温室气体排放量降至 1990 年水平"的减排目标，加利福尼亚州于 2013 年 1 月启动了碳排放权交易体系。高额的碳价激发了清洁技术创新，并吸引了大量相关行业的投资，如今加利福尼亚州的清洁技术投资和专利数量在美国处于领先地位，清洁技术专利的注册数量比排名第二的纽约州高出 4 倍，仅 2016 年就有 14 亿美元的清洁技术风险投资流入加利福尼亚州，占当年美国全国清洁技术风险投资总额的 2/3。此外，碳排放权交易也推动了加利福尼亚州清洁电力的发展，在过去几年间，加利福尼亚州太阳能发电成本下降了 80%~90%，风能发电成本下降了 60%。与此同时，加利福尼亚州碳市场及其他相关政策帮助该州创造了 50 多万个工作岗位，其中与太阳能电源有关的工作岗位就有超过 15 万个（见图 1-3）。加利福尼亚州的经验证明，实施碳排放权交易不仅不会损害经济发展，反而会为经济的可持续发展提速。

图 1-3　碳排放权交易为加利福尼亚州带来大量投资和工作岗位

1.2.2　碳市场已成为全球主要减排政策工具

碳排放权交易机制作为促进企业低碳转型的重要措施，在全球备受青睐。在过去十几年里，碳市场在全球范围内迅速扩张。根据国际碳行动伙伴组织发布的《碳排放权交易实践：设计与实施手册（第二版）》和世界银行发布的《碳定价机制发展现状与未来趋势 2021》，截至 2021 年年底，全球范围内共有 33 个正在运行的碳排放权交易体系（1 个超国家机构、8 个国家、18 个省和州、6 个城市），其中包括中国的全国碳市场和 9 个区域碳市场、欧盟碳市场、新西兰碳市场、瑞士碳市场、韩国碳市场、加拿大魁北克碳市场、美国加利福尼亚州碳市场和覆盖美国东部 11 个州的区域温室气体减排行动（Regional Greenhouse Gas Initiative，RGGI）、日本东京和埼玉县碳市场等（见图 1-4），这些碳市场覆盖了全球 GDP 的 42%。

2021 年全球碳市场发展状况见表 1-1。

表 1-1　2021 年全球碳市场发展状况

所处大洲	正在实施 碳排放权交易体系的主体	计划实施 碳排放权交易体系的主体	正在考虑实施 碳排放权交易体系的主体
欧洲	• 欧盟（欧盟成员国、冰岛、列支敦士登、挪威） • 英国 • 德国 • 瑞士	• 乌克兰 • 黑山	• 土耳其 • 芬兰
北美洲	• 区域温室气体倡议（美国康涅狄格州、特拉华州、缅因州、马里兰州、马萨诸塞州、新罕布什尔州、新泽西州、纽约州、美国罗得岛州、佛蒙特州、弗吉尼亚州） • 美国加利福尼亚州 • 加拿大魁北克省 • 加拿大新斯科舍省 • 美国马萨诸塞州 • 墨西哥	• 交通和气候倡议（美国康涅狄格州、马萨诸塞州、罗得岛州、华盛顿特区） • 美国宾夕法尼亚州	• 美国华盛顿州 • 美国俄勒冈州 • 美国新墨西哥州 • 美国纽约市 • 美国北卡罗来纳州
南美洲		• 哥伦比亚	• 巴西 • 智利

所处大洲	正在实施 碳排放权交易体系的主体	计划实施 碳排放权交易体系的主体	正在考虑实施 碳排放权交易体系的主体
亚洲	• 中国 • 中国试点地区（北京市、重庆市、福建省、广东省、湖北省、上海市、深圳市、天津市） • 韩国 • 日本琦玉县、日本东京 • 哈萨克斯坦	• 印度尼西亚 • 越南 • 俄罗斯库页岛	• 泰国 • 日本 • 中国台湾 • 菲律宾 • 巴基斯坦
大洋洲	• 新西兰		

虽然新冠肺炎疫情造成了部分辖区碳市场的实施推迟，但从整体上看，各个国家和地区对于应对气候变化的决心并未动摇。越来越多的企业气候目标承诺推动着自愿市场的发展，预期未来产品将不断丰富，交易量及交易额也将逐步增加。除此之外，各国碳市场之间的连接和全球碳市场的统一将是一大趋势。

1.2.3 国际碳市场实践

1. 国际应对气候变化的碳排放权交易实践

《京都议定书》除了为工业化国家规定了具有法律约束力的削减目标，还为各国低成本地履行减排义务专门引入了三种灵活履约机制（见表1-2），以此来激励各方签署并批准《京都议定书》，参与这一新的国际环境制度，为增进气候变化领域的全球公共利益做出自己的贡献。谈判推动方创造性地将这三种灵活履约机制引入《京都议定书》，大大减少了谈判各方尤其是工业化国家之间的分歧与矛盾，为最终达成一致扫清了障碍。这也是碳排放权交易实际用于减排的开端。

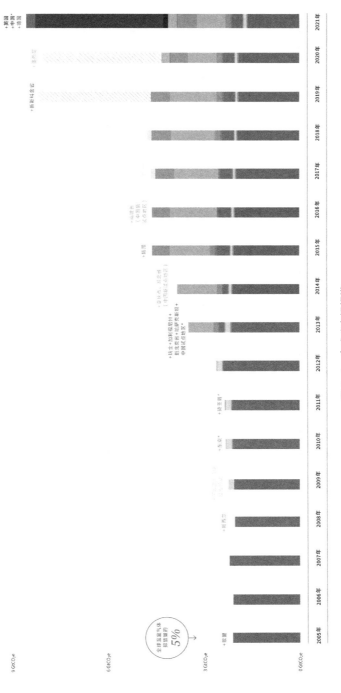

图 1-4 全球碳市场规模

表 1-2 《京都议定书》三种灵活履约机制

履约机制	交易原理	交易标的		买方	卖方
排放贸易（Emission Trading，ET）	总量控制交易机制	碳配额	分配数量单位（Assigned Amount Unit，AAU）	附件一国家	
联合履约（Joint Implementation，JI）	基线信用机制（减排量机制）	碳减排信用	减排单位（Emission Reduction Unit，ERU）		
清洁发展机制（Clean Development Mechanism，CDM）			核证减排量（Certified Emission Reduction，CER）	附件一国家	非附件一国家

由于各国在 2009 年哥本哈根气候大会上未能就第一承诺期的配额和减排信用如何结转至第二承诺期取得一致意见，导致《京都议定书》的 CDM 市场规模日渐缩小，ET 与 JI 交易基本停滞。

在国际碳排放权交易方面，以《京都议定书》为基石的全球碳市场正在过渡为以《巴黎协定》下新减排协议为基础的碳市场。

《巴黎协定》第六条中最受关注的两个条款是第二款和第四款。其中，第二款提出了基于各国自愿合作完成国家自主贡献减排目标的国际合作机制；第四款提出了代替 CDM 的可持续发展机制（Sustainable Development Mechanism，SDM）。《巴黎协定》第六条为建立一个全新的全球气候框架、推动各国之间通过市场机制的国际合作达成更有雄心的减排创造了可能。

然而《巴黎协定》缔约方之间的政经关系、利益诉求等问题相当复杂，而且各方在如何避免双重计算等关键问题上仍存在分歧，为《巴黎协定》第六条关键内容的制定带来了困难。首先，《巴黎协定》第六条措辞比较含糊，为具体解释留下了很大空间——需说明国际合作机制应如何在一个多重目标下进行具体操作，即如何在不统一的国家自主贡献目标框架下实施碳减排的转移。其次，《巴黎协定》第六条必须适应多项现行地区性、国家性与国家内地方性政策，特别是应具体阐明各国如何将成功转移的碳减排计入其在《巴黎协定》的减排承诺中。最后，重复计算问题也不容忽视。重复计算的存在最终会导致产权边际模糊、冲突，造成碳市场运行效率下降。

经过长期谈判，《格拉斯哥气候协议》对《巴黎协定》第六条的落地提出了解决框架。其中，《巴黎协定》6.2 条设计了减排量转移的框架。在《巴黎协定》下，国际间减排成果的转移意味着一个国家可以通过购买其他国家的减排成果来完成自身的减排目标，但这也意味着出售减排成果的国家要完成更多的减排任务才能达成其原先设定的减排目标。该规定主要解决了减排量重复计算的问题，避免 CDM 下减排量被重复使用问题。

《巴黎协定》6.4 条设计了一个类似于 CDM 的机制，但不限于发达国家从发展中国家购买，而是所有国家都能互相交易减排量。减排的界定包括 4 类，即碳减排、碳消除、开展适应行动附带产生的减排量、开展经济多样性发展计划附带产生的减排量。减排需要满足真实、可量化、长期减排的标准；需要降低碳泄漏的风险；需要避免负面的环境社会影响。

虽然《格拉斯哥协定》初步落实了《巴黎协定》第六条的制度框架和原则共识，但除了要等缔约方大会和《巴黎协定》6.4 条的监管机构确立后续规则、方法、模板、流程，东道国主管部门也需要做好衔接工作，确立国内管理办法和工作流程。机制的落地实施还需要在后续至少两年的时间内最终明确。

与其他合作方式相比，《巴黎协定》第六条倡导的国际碳减排合作可以帮助各国加强应对气候变化的决心，能够用一种更快、更长期的方式减少温室气体排放。因此，构建国际碳减排合作至关重要，是碳市场发展的方向，值得我们持续关注。

2. 服务于地区内部减排目标的碳排放权交易实践

虽然国际间碳排放权交易前景尚未明朗，但随着全球各个国家和地区开始着手落实《巴黎协定》，以及各国国内制定应对气候变化的目标，区域碳市场正在不断兴起和发展，并在低碳经济转型中发挥关键作用。全球碳市场分散化、碎片化发展的势头加剧，各国开始寻求通过双边协议的方式实现碳市场的相互对接，以自下而上的方式实现国际碳市场的融合与统一。

2005 年可以被视为国际碳市场的开端，国际碳市场框架《京都议定书》开始生效，欧盟碳排放权交易体系开始了第一阶段的运行。欧盟碳排放权交易体系是一个跨国家、多行业的综合碳排放权交易体系，也是目前运行的启动最早、规模最大的碳排放权交易体系。

2008 年，新西兰碳排放权交易体系启动，这是唯一纳入林业的碳排放权交易体系，但由于新西兰经济结构和规模的原因，该体系规模较小。

2009 年，美国开始实施 RGGI，最初有 10 个州参与，2012 年减少到 9 个州，2021 年增加至 11 个州。RGGI 只针对电力行业，是唯一单行业的碳排放权交易体系。

2012 年 7 月，澳大利亚开始实施碳价机制，前三年为固定碳价，之后转入浮动碳价。2014 年 7 月 21 日，澳大利亚参议院以 39 票支持、32 票反对的表决结果，正式废除了《碳税法案》，并取消了原定于 2015 年开始逐步建立碳排放权交易机制的计划。澳大利亚因此成为首个正式废除碳税的国家。

2013 年 1 月，美国加利福尼亚州碳排放权交易体系开始了第一阶段的运行，成为目前北美最大的碳市场。

加拿大魁北克省的碳排放权交易体系与加利福尼亚州的碳排放权交易体系同期启动，且两者从 2014 年开始正式连接，形成全球第一个联合碳市场。

2015 年，韩国成为亚洲首个建立全国碳排放权交易体系的国家。全球主要碳排放权交易体系的比较如表 1-3 所示。

表 1-3　全球主要碳排放权交易体系的比较

	欧盟碳排放权交易体系（EU ETS）	区域温室气体减排行动	加利福尼亚州碳排放权交易体系	新西兰碳排放权交易体系	韩国碳交易体系
减排目标	2020年比2005年减排21%	2018年比2009年减排10%	2020年下降到1990年水平	2020年比1990年减排10%	2020年比常规情景下减排30%
启动时间	2005年1月	2009年1月	2013年1月	2010年7月（林业2008年开始）	2015年1月
运行阶段	第一阶段：2005—2007年；第二阶段：2008—2012年；第三阶段：2013—2020年；第四阶段：2021—2030年	第一阶段：2009—2011年；第二阶段：2012—2014年；第三阶段：2015—2017年；第四阶段：2018—2020年；第五阶段：2021—2023年	第一履约期：2013—2014年；第二履约期：2015—2017年；第三履约期：2018—2020年；第四履约期：2021—2030年	2010年7月1日至2012年12月31日为试运行阶段；试运行阶段顺延至至少2015年。2015年开始形成独立的国内碳市场	第一阶段：2015—2017年；第二阶段：2018—2020年
区域	第一阶段：欧盟25个成员国；第二阶段：增加2个欧盟成员国（罗马尼亚、保加利亚）和冰岛、挪威、列支敦士登；第三阶段：增加1个欧盟成员国（克罗地亚）	美国东部11个州：康涅狄格州、特拉华州、缅因州、新罕布什尔州、马萨诸塞州、纽约州、马里兰州、罗德岛州、佛蒙特州、新泽西州和弗吉尼亚州	美国加利福尼亚州	新西兰	韩国

续表

	欧盟碳排放权交易体系（EU ETS）	区域温室气体减排行动	加利福尼亚州碳排放权交易体系	新西兰碳排放权交易体系	韩国碳交易体系
覆盖范围	能源、炼油、炼焦、钢铁、水泥、石灰、玻璃、陶瓷、制砖、纸浆和造纸等温室气体的12 000个排放源，覆盖欧盟温室气体排放总量的45%；2012年纳入航空业，2013年纳入石油化工、氨、铝等行业	功率25MW以上的电厂	第一阶段：电力、炼油、水泥、造纸和玻璃行业温室气体年排放量超过25 000吨的360家企业的600个排放源；第二阶段：扩大到天然气、丙烷和交通温室气体，覆盖总量占全州排放总量的85%	林业（2008年）；固定能源、液化化石燃料、工业（2010年）；废弃物、合成气（2013年）；农业（2015年）	将覆盖占全国排放量60%以上的电力、钢铁、石化和纸浆等行业的大型排放企业
配额总量	前两个阶段分别为21.8亿吨和20.8亿吨；第三阶段从2013年的20.4亿吨下降到2020年的17.8亿吨	2009—2011年1.88亿吨；2012—2013年1.65亿吨；2014—2020年从0.84亿吨线性降到0.61亿吨	第一阶段从1.628亿吨降到1.597亿吨；从2015年的3.945亿吨降到2020年的3.342亿吨	暂无配额总量上限	5.73亿吨
配额分配	第一阶段和第二阶段以"祖父法"免费分配为主，免费分配以拍卖为主。第三阶段采用基准线法，免费分配阶段57%的配额将以交易分配的形式分配，大概有63亿吨的配额将被免费分配	拍卖形式	从免费分配（基准线法）开始，逐步过渡到拍卖形式	面临国际竞争的工业行业的林业免费分配；有偿出售25新元/吨	前两个阶段免费配额比例分别达到100%和97%
抵消机制	从第二阶段开始允许使用国际抵消机制（CER和ERU），2008—2020年使用量不能超过减排量的50%	企业允许使用抵消信用完成3.3%的履约责任；仅允许使用美国国内项目产生的减排信用	企业允许使用抵消信用完成8%的履约责任；仅允许使用美国国内项目产生的减排信用	允许使用国际信用（CERERT和RMU），不设数量限制	允许使用本土减排信用和国际抵消信用（CER和ERU）

　　随着 2021 年中国、德国和英国三个国家级碳市场的建立，2021 年运行的 33 个碳市场覆盖温室气体排放总量超过 90 亿吨，占全球温室气体总排放量的 17%。其中，中国碳市场以超过 40 亿吨的排放量成为全球控排规模最大的碳市场 [①]。

　　从全球碳排放权交易市场的市值和交易量来看，2005 年以来，碳市场发展迅速，总交易额在 2011 年一度达到高峰。但随着国际金融危机的持续，再加上《京都议定书》前景不明，2014—2016 年全球碳市场交易量、交易额双双下滑。2018 年后，随着《巴黎协定》签署，以及欧盟碳排放权交易体系的重振和各国对气候变化的愈发重视，全球碳市场无论在数量上还是在价值上都开始强劲复苏。2020 年全球碳排放权交易总量突破 130 亿吨，全球碳市场发展前景十分广阔。

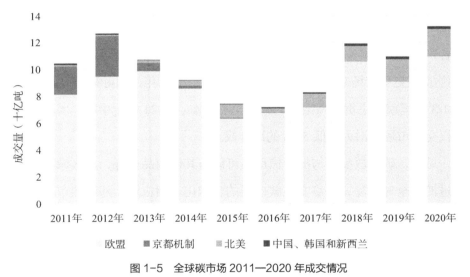

图 1-5　全球碳市场 2011—2020 年成交情况

① 资料来源：世界银行官网。

虽然短期内各区域碳市场将维持各自为政的分割局面，不过趋势上国际碳市场将逐步从分散走向统一。各个区域碳市场从分散到统一可能有三种途径。

第一，从启动之初就跨地区联合建立碳排放权交易体系，北美的区域碳市场是地区合作建立碳市场的典范，欧盟碳排放权交易体系更是涵盖了欧洲 30 个不同发展水平的国家，成为建立跨国碳市场的样板。

第二，区域碳市场建成之后寻求对外连接，如美国加利福尼亚州与加拿大魁北克省的连接，以及未来中、日、韩碳市场的对接，目前中、日、韩三国已就分享碳排放权交易信息、寻求未来发展方向等方面达成了一致意见。

第三，利用国际减排协议，自上而下地推动全球减排和全球碳市场的形成。与《京都议定书》促成了第一波跨国碳贸易类似，在 2015 年 12 月 12 日达成的《巴黎协定》将对各区域碳市场的连接及新的碳市场的创建和融合产生重要影响。此外，通过模型分析发现，碳定价能够通过建立国际碳排放权交易市场来支持国际减排合作，到 2030 年，国际碳市场可以降低 1/3 的国家自主贡献预案中的减排交易成本。到 21 世纪中叶，国际碳排放权交易市场有潜力降低 50% 的减排成本。

总之，碳排放配额与抵消信用很可能与其他商品一样，从区域贸易逐步过渡到全球贸易，最终实现碳市场的全球化。相应地，随着碳市场的融合，碳排放权交易体系的设计也会互相借鉴、逐渐趋同。

1.3 中国碳市场对实现碳达峰、碳中和目标的作用

在中国的低碳政策体系中，碳排放权交易逐渐成为一项关键政策，原因如下。

第一，在以往的节能减排工作中过于依赖"责任书""大检查""拉闸限电"等行政手段，虽然在短期内能控制碳排放，但造成了企业的经济损失和较大的负面影响，同时政府监管成本高，长期效果差。建立碳市场、实施碳排放权交易制度，体现了碳排放空间的资源属性，可有效发挥市场机制在资源配置中的决定性作用，形成强有力的倒逼机制，明确企业的碳减排目标，促使高耗能、高排放企业加强碳排放管理，加快低碳技术的创新和应用，提升行业节能减碳意识和水平，从而建立长效、低成本的节能减碳政策体系。通过市场化的方式进行减排，也与党的十九大以来以完善产权制度和要素市场化配置为重点、全面深化经济体制改革的精神相一致。

第二，国际上通过实践证明，碳排放权交易是减少温室气体排放的有效政策工具，通过碳价信号能降低全社会的减排成本并调动企业减排的积极性。市场交易能够将资金引导至减排潜力大的行业企业，降低全社会减排成本。长期而言，碳价信号能够将碳成本引入企业长期决策，推动绿色低碳技术创新，推动前沿技术的创新突破和高排放行业向绿色低碳发展转型，为处理好经济发展和碳减排的关系提供了有效的工具。通过参与CDM 交易，国家主管部门和碳市场从业人员也对碳市场的作用有了深入的认识。

第三，碳排放权交易需要第三方机构对企业的能耗、产品、排放数据进行核查，能够为政府的节能减排乃至产业调整政策提供准确的数据支撑。长期以来，我国能源消费和温室气体排放的统计存在标准不统一、颗粒度大、缺乏第三方核证等问题，未能支持对行业和企业设计精细化的减排政策。经过第三方核证的企业能源消费和碳排放数据，颗粒度更小，准确率更高，对政府管理提供了坚实的数据基础。

第四，通过构建全国碳市场抵消机制，能够为林业碳汇、可再生能源和其他减碳技术提供额外的资金支持，助力区域协调发展和生态保护补偿，倡导绿色低碳的生产和消费方式。在此基础之上，逐步提高拍卖分配的比例，发展基于碳市场的金融创新，能够为行业、区域向绿色低碳发展转型及实现碳达峰、碳中和提供投融资渠道。

鉴于此，在各国纷纷实行区域性碳排放权交易的潮流下，在我国逐步落实"双碳"目标、开始低碳转型的大背景下，碳排放权交易进入官方规划，成为我国推进生态文明建设、推动绿色低碳发展、推动碳达峰与碳中和工作的重要内容之一。

第 2 章
碳排放权交易体系基本知识及运作方式

为了最大化地发挥碳市场在促进减排方面的作用和效率，碳市场体系的设计必须考虑各地区的社会和经济条件。本章为读者解释了碳排放权交易的基本原理，阐述了碳市场设计的关键步骤，为读者更好地理解全国碳市场奠定基础。

2.1　碳排放权交易体系基本原理

碳排放权交易体系是指以控制温室气体排放为目的，以温室气体排放配额或温室气体减排信用为标的物所进行的市场交易体系。与传统的实物商品市场不同，碳市场看不见摸不着，是通过法律界定的、人为建立起来的政策性市场，其设计初衷是在特定范围内合理分配减排资源，降低温室气体减排的成本。其基本原理如图 2-1 所示。

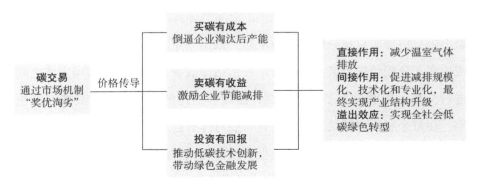

图 2-1　碳排放权交易体系通过市场机制"奖优淘劣"

碳排放权交易体系是排放权交易制度理论在应对气候变化中的一种实践，而排放权交易制度理论可以追溯到罗纳德·科斯（Ronald Coase）于1960 提出的产权理论，即通过产权的确定使资源得到合理的配置，避免无主公共物品的公地悲剧。在碳排放权交易体系诞生之前，排放权交易已经在美国的酸雨计划中取得了成功，有效地减少了 SO_2 的排放。20 世纪 90 年代的国际气候谈判在设计减少温室气体排放的方案时，碳排放权交易体系作为一种降低减排成本、提高减排效率的市场手段被引入。例如，1997年，《联合国气候变化框架公约》第三次缔约方大会通过的《京都议定书》在为发达国家（即附件一中的国家）确定了温室气体强制减排目标的同时，配套设计了三种灵活履约机制。《京都议定书》第一次对温室气体的排放量进行了法律约束，使其成为一种稀缺资源，并制定了一系列界定温室气体排放权利的制度，使这种资源具有可交易性，碳排放权交易体系由此产生。

碳排放权交易体系的基本原理包括总量控制交易机制和基准线信用机制。

2.1.1 基于总量控制交易机制的碳排放权交易体系

大部分碳排放权交易体系都采用总量控制交易机制，即通过立法或其他有约束力的形式，对一定范围内的温室气体排放者设定温室气体排放总量上限，将排放总量分解成排放配额，依据一定的原则和方式（免费分配或拍卖）分配给排放者。配额可以在包括排放者在内的各种市场主体之间进行交易，配额代表了碳排放权，排放者的排放量不能超过其持有的配额。在每个履约周期结束后，管理者要对排放者进行履约考核，如果排放者上缴的排放量大于配额，则被视为没有完成履约责任，必须受到惩罚。在总量控制交易机制下，配额的总量设置和分配实现了排放权的确权过程，减排成本的差异促使交易的产生。减排成本高的企业愿意到市场上去购买配额以满足需要，减排成本低的企业则进行较多的减排并获取减排收益，最终减排由成本最小的企业承担，从而使得在既定减排目标下的社会整体减排成本最小化。

下面举例说明如何利用总量控制交易机制实现全社会低成本减排。

假定全社会减排目标是 2 万吨 CO_2，有 A 和 B 两家企业需要进行减排，两家企业的减排成本不同（假设 A 企业的减排成本是 20 元 / 吨，B 企业的减排成本是 10 元 / 吨）。如果采用行政命令手段，让这两家企业分别完成 1 万吨的减排任务，那么 A 企业的减排成本是 20 万元，B 企业的减排成本是 10 万元，也就是说，全社会完成这 2 万吨的减排任务，需要的成本一共是 30 万元（见图 2-2）。

图 2-2 采用行政命令手段的减排成本

如果采用碳排放权交易机制，全社会减排目标同样为 2 万吨 CO_2，A、B 两家企业仍然各分得 1 万吨的配额。（成熟的碳市场中，碳价应基本和社会平均减排成本持平，A 企业减排成本为 20 元，B 企业减排成本为 10 元，故全社会的平均减排成本为 15 元，也就是说碳价为 15 元。）由于减排成本只有 10 元，低于碳价，可出售碳排放权获取利润，因此 B 企业有较强的减排动力。假设 B 企业把 2 万吨的减排任务全部承担起来，那么它付出的减排成本是 20 万元。A 企业的减排成本是 20 元，高于 15 元的碳价，因此不会考虑进行减排，而是选择购买碳排放权来完成减排任务。为完成履约，A 企业花费 15 万元从 B 企业购买了 1 万吨配额，也就是说，A 企业的减排成本是 15 万元，相比行政命令手段下 20 万元的减排成本降低了 5 万元。对 B 企业来说，完成 2 万吨减排任务支出了 20 万，卖出 1 万吨碳排放权获利 15 万元，实际减排成本为 5 万元。全社会的减排成本为 A 企业的 15 万元加上 B 企业的 5 万元，一共是 20 万元，远低于采用行政命令手段的 30 万元（见图 2-3）。通过碳排放权交易，政府管理层面完成了减排目标，各控排企业都节省了减排成本，从而形成多赢局面。

图 2-3　采用总量控制交易机制的减排成本

2.1.2　基于基准线信用机制的减排量交易体系

基于基准线信用机制的减排量交易体系是对基于总量控制交易机制的碳排放权交易体系的补充，它是指当碳减排行为使得实际碳排放量低于常规情景下的排放基准线时会产生额外的碳减排信用，碳减排信用可以用于出售。最典型的基准线信用机制应用为基于项目的减排量交易体系，如

《京都议定书》下的 CDM 和 JI。减排信用的需求来自两个方面：一是基于总量控制交易机制的碳排放权交易体系的抵消机制（见图 2-4），碳减排信用可以部分代替碳配额来完成履约责任，以降低履约成本，这也是设计 CDM 和 JI 的初衷；二是自愿市场的交易，企业或个人可以购买减排量来中和自身的碳排放，履行社会责任。

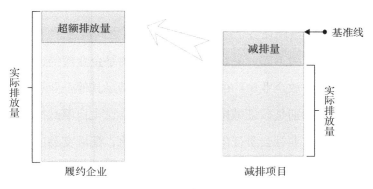

图 2-4　抵消机制原理

2.1.3　两种交易体系的关系

基于总量控制交易机制的碳排放权交易体系主要进行配额交易；基于基准线信用机制的减排量交易体系主要进行减排量交易。两者在性质上有本质的差异，同时又有千丝万缕的联系。

第一，交易商品不同。配额交易基于总量控制交易机制，减排量交易则基于项目的自愿减排机制，两者交易商品的区别如下：①配额排放量是绝对值，自愿减排量是相对值；②配额是事先创建的，开市之初就会发放给企业，减排量则是事后产生的，当减排行为确实发生并被核证之后才会产生；③配额的数量是确定的，每年的配额数量在开始交易之前便已确定，而减排量需经核证才能知道准确的数量。

第二，交易范围不同。配额交易的范围一般仅限于当地的碳市场，例如，欧盟的配额只能在欧盟交易；中国碳排放权交易试点的配额只能在试点当地的企业间交易。与之形成对比的是，减排量交易则具有明显的跨地域性，最典型的代表是 CDM 项目，其项目开发产生的核证减排量信用可以在全球大部分地区流通；另外一些自愿减排标准，如核证减排标准或黄金标准，也可以在全球开发项目，产生的减排量同样可以销往全球。类似地，中国核证自愿减排量（China Certified Emission Reductions, CCER）信用也可以根据一定条件在各个碳排放权交易试点之间流通。

第三，交易目的不同。配额交易的主要目的是企业履约，而减排量交易除了可以满足排放企业履约的需求，还可以满足其他企业和个人践行社会责任的需求。特别是核证减排标准和黄金标准这类自愿减排标准，其主要用途就是满足企业社会责任的市场需求。因此，配额交易的需求完全来自碳市场内生，而减排量交易的需求则不一定。

在强制减排市场中，减排量交易是配额交易的有效补充。为了保障配额碳市场的需求和减排效果，各碳市场通常会对减排量的使用数量进行限制，如大部分中国碳排放权交易试点对（CCER）的使用比例要求限制在10% 以内。

在两种交易体系中，总量控制碳排放权交易体系实际上是碳市场的主体。因此后文将主要从总量控制交易机制的原理出发，介绍碳排放权交易体系的核心要素和支撑系统。

2.2　碳排放权交易体系的核心要素

如图 2-5 所示，碳排放权交易体系的核心要素包括覆盖范围，配额总量，配额分配，排放监测、报送与核查，履约考核，抵消机制，交易机制，市场监管及配套的法律法规体系。

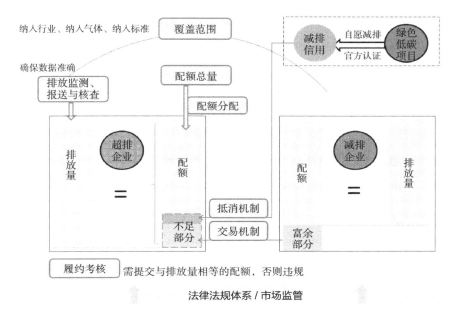

图 2-5 碳排放权交易体系的核心要素

2.2.1 覆盖范围

碳排放权交易体系的覆盖范围包括碳排放权交易体系的纳入行业、纳入气体、纳入标准等。通常，覆盖的参与主体和排放源越多，碳排放权交易体系的减排潜力越大，减排成本的差异性越明显，碳排放权交易体系的整体减排成本也就越低。但并不是覆盖范围越大越好，因为覆盖范围越大，对排放的监测、报送与核查的要求越高，管理成本也越高，同时加大了碳排放权交易的监管难度。

纳入行业、纳入气体、纳入标准共同决定了碳排放权交易体系的覆盖范围。出于降低交易成本和管理成本的原因，碳排放权交易体系优先纳入排放量和排放强度较大、减排潜力较大、较易核算的行业和企业。因此，电力、钢铁、石化等排放密集型工业行业往往是优先考虑纳入的对象。

纳入的温室气体类型中，最常见的是 CO_2，其次是《京都议定书》第一期规定管制的其他 5 种温室气体——CH_4、N_2O、全氟碳化合物（简称 PFCs）、六氟化硫（化学式 SF_6）和氢氟碳化物（简称 HFCs）。部分碳排放权交易体系还考虑了《京都议定书》第二期新增的三氟化氮（化学式 NF_3）。

纳入标准需要考虑以下几个问题：一是标准的类型，既可以是排放量，也可以是其他参数，如能耗水平、装机容量等；二是标准的数值，即多大排放量以上的排放源或多大规模以上的排放源才被纳入；三是标准的对象，即该标准针对的是排放设施还是排放企业。

2.2.2　配额总量

配额总量的多寡决定了配额的稀缺性，进而直接影响碳市场的配额价格。配额总量的设置一方面应确保地区减排目标的实现，另一方面应低于没有碳排放权交易政策下的照常排放，配额总量与照常排放的差值代表了控排企业需要做出的减排努力。"更严格的"或"更具雄心的"总量意味着更少的配额，这导致了配额的稀缺性和更高的碳价。

配额总量的设置决定了碳市场上配额的供给，进而影响配额的价格。配额总量越多，配额价格越低；配额总量越少，配额价格越高。如果配额总量高于没有碳排放权交易政策中的照常排放量，那么碳市场将会因配额过量而配额价格低迷。

设定配额总量的基本考虑是，主管部门要在多快的时间内减少纳入行业的温室气体排放。反过来，政策制定者应考虑以下 3 个关键问题。

» **保持总量严格程度与地区减排目标严格程度一致。** 碳市场是可用于实现整个经济体、国家甚至行业减排目标的工具之一。碳市场总量严格程度应符合这一总体战略的要求。

» **覆盖与未覆盖行业的减排责任分配。** 在决定向碳市场覆盖行业分配多少减排责任时，应考虑覆盖行业与未覆盖行业在减排方面的相对能力大小。

» **在减排力度与碳排放权交易体系成本之间取得平衡。**更严格的总量控制意味着碳市场覆盖的实体需要投入更大的减排成本。碳市场总履约成本不应过高，以免在实现气候目标和碳市场其他政策目标的过程中给国内竞争力和社会福利带来过度损害。一般而言，总量严格程度还应符合利益相关方眼中的环境有效性和公平性要求，以便获得（并保持）各方对碳市场的接受和支持。不同的配额分配方法可以调节碳市场带来的竞争力和福利变化。

政策制定者还必须根据本地区的总体减排目标和实际情况，考虑设定配额总量的方法。配额总量设定的方法通常有两种，分别是自上而下法和自下而上法（见图 2-6）。

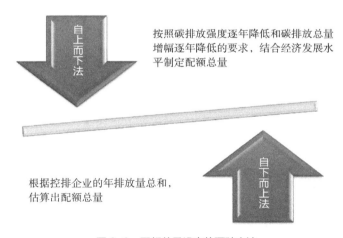

按照碳排放强度逐年降低和碳排放总量增幅逐年降低的要求，结合经济发展水平制定配额总量

根据控排企业的年排放量总和，估算出配额总量

图 2-6　配额总量设定的两种方法

自上而下法是指政府根据其总体减排目标及各个行业的减排潜力和成本来设定配额总量。通过这种方法，可以更轻松地将碳市场的总体减排目标水平与该地区更广泛的减排目标及其他政策措施的贡献保持一致。这是到目前为止最常见的配额总量设定方法。在程序上，应先确定碳市场配额

总量，再确定这些配额通过何种方式分配至控排企业。

自下而上法是指政府根据对每个行业、子行业或参与者的排放量、减排潜力和成本的评估确定配额总量，并为每个行业、子行业或参与者确定适当的减排潜力。然后，通过汇总这些行业、子行业或参与者的排放/减排潜力来确定整个碳市场配额总量。这不是一个普遍的做法，但对碳排放尚未达峰的地区而言更加容易执行。在程序上，应先确定各行业的配额分配方法，计算各控排企业的配额数量，再加总形成碳市场配额总量（见图2-7）。

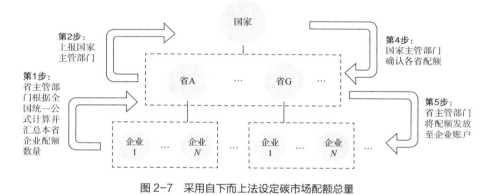

图2-7　采用自下而上法设定碳市场配额总量

2.2.3　配额分配

碳排放配额分配是碳排放权交易制度设计中与企业关系最密切的环节。碳排放权交易体系建立以后，由于配额的稀缺性，将形成市场价格，因此配额分配实质上是财产权利的分配，配额分配方式决定了企业参与碳排放权交易的成本。

实践中，有两类广泛采用的配额分配方法：免费分配配额和通过拍卖的方式出售配额。在分配配额时，政策制定者将寻求实现以下部分目标或全部目标。

» **保持以成本有效的方式提供减排激励。**尽管想实现很多目标，但是政策制定者必须坚守碳市场总体的目标不动摇，即激励控排企业以成本有效的方式减少排放，并尽可能使减排激励在整个价值链中传导。

» **实现向碳市场的平稳过渡。**政策制定者可能希望借助恰当的配额分配，理顺向碳市场过渡过程中的诸多问题。在实施碳排放权交易政策的过程中，一些问题和成本与价值的分配有关，具体表现为可能的资产价值受损（"搁浅资产"）、对消费者与社区的不良影响及识别早期减排行动实体的需要。此外，在某些分配方法下，企业将碳成本转嫁给消费者（即使已经获得了免费配额）从而创造暴利的可能性更大，政策制定者可以将这种风险降至最低。其他问题则涉及相关风险，如参与者在初期的交易能力相对较弱，或者在体制能力相对薄弱的情况下部分企业可能会抵制碳市场。

» **降低碳泄漏或丧失竞争力的风险。**当生产从一个有碳价的地区转移到另一个没有碳价或碳价较低的地区时，就会发生碳泄漏。在短期内，这可能会使国内企业相较于国际竞争对手丧失市场份额，在长期内则可能影响企业在哪里投资建厂。这些风险使得政策制定者面临不受欢迎的环境后果、经济后果和政治后果。在考虑碳市场的设计尤其是配额分配方法的设计时，避免以上风险始终是最有争议和最重要的问题之一。迄今，很少有证据表明存在碳泄漏，大多数碳市场也已采取措施降低碳泄漏风险。这在一定程度上可能是因为目前的碳价较低，也可能是因为一些其他因素影响了投资和生产决策，在限制碳泄漏方面发挥了作用。

» **增加收入。**碳市场建立后产生的配额是有价的。通过出售配额（通常以拍卖方式出售），政策制定者有可能成功筹措大量公共资金。

» **支持市场价格发现**。碳市场的经济效率源于交易配额时的价格发现。一般来说，这发生在流动的二级市场上。然而，在流动性较低、规模较小的市场中，通过拍卖进行分配在发现价格方面可以发挥重要作用，该方法可以匹配市场上配额的供求关系，提供有关市场状况的透明信息。

1. 拍卖方式在经济学上更有效率

通过拍卖方式有偿分配配额是最有效率和最能促进减排的方法。首先，拍卖是一种简单方便且行之有效的方式，出价高者买下配额。其次，拍卖是一种甚少导致市场扭曲或政治介入的方法，并为公共收入提供新增长点。最后，拍卖的方式不仅提高了灵活性，还可以补偿对消费者或社区的不利影响，同时也可以奖励尽早开展减排行动的企业。

但是，拍卖可能导致企业碳成本过高，在政治上较难实施，尤其是在刚刚开始执行碳排放权交易政策的地区，强行推广将面临很大的政治压力。对于面临全球产品竞争的行业，高碳价也将迫使企业搬迁至没有碳价成本的地区，虽然本地碳排放量降低，但全球碳排放量总量不变，造成"碳泄漏"现象。

因此，在碳排放权交易刚刚启动的时候，往往采用免费方式对配额进行分配。

2. 免费分配方式在政治上更加可行

常用的免费分配方法包括祖父法和基准线法。祖父法根据企业自身的历史排放总量或历史排放强度发放配额（因此也被称为"历史法"），要求企业与自己的历史排放量相比有一定的降低，对同一行业提出统一的减排目标，执行相对简单。但历史法经常出现的问题是"鞭打快牛"，即过去在减排控排方面做得并不好的企业由于其历史排放高而得到了更多的配额。考虑到历史法的缺点，该方法只应被视为拍卖法和基准线法的过渡性方法。

基准线法使用行业统一的基准值来标准化计算为特定产品的每单位产量（如每吨钢材）提供的免费配额量。企业的配额量等于基准线乘以历史产量或实际产量。使用历史产量打破了一个设施的排放水平与其所得到的免费配额水平之间的联系——无论设施的生产或排放强度如何变化，配额都保持不变。这种方法只能部分避免碳泄漏，仍然可以给企业带来暴利，但可以为早期减排行动提供奖励。使用实际产量的好处是根据履约期间企业的实际产出水平进行配额分配，可有效地防止碳泄漏，并奖励早期减排行动者。然而，由于生产的不确定性，主管部门事先并不知道能发放多少配额，该方法难以保证配额总量不超过碳市场体系的总量。

事实上，大多数碳市场并未选择以单一形式（拍卖或免费发放）分配所有配额，而是采用混合模式，使控排企业能够获得部分而非全部免费配额（见图 2-8）。一般来讲，这种混合模式能够确保那些被认为切实存在碳泄漏风险的行业获得适当的免费配额，以免碳泄漏。此类行业通常借助两类主要指标加以识别——碳排放强度和贸易暴露程度。然而，这些指标可能也无法像预期的那样捕捉到碳泄漏风险。从长远来看，碳市场最开始往往以免费分配为主，逐步向拍卖方式转变。

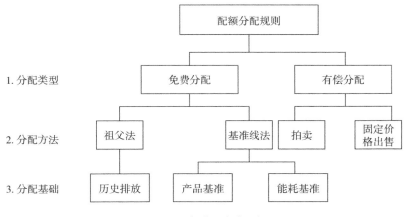

图 2-8　配额分配方式示意图

2.2.4 排放监测、报送与核查

1. 碳排放量监测核算基础原理

高质量的温室气体排放数据是碳排放权交易体系顺利运行的基础。为确保报告数据的可靠性和准确性，以及同一水平下的数据可比性，应制定相关的温室气体排放量化标准。目前，广泛使用的温室气体排放量化方法主要有两种，即连续监测方法和核算方法。连续监测方法通过直接测量烟气流速和烟气中的 CO_2 浓度来计算温室气体的排放量，主要通过连续排放监测系统（Continuous Emission Monitoring System，CEMS）来实现。核算方法是指通过活动数据乘以排放因子或通过计算生产过程中的碳质量平衡来量化温室气体排放量。

（1）连续监测方法

CEMS 主要包括气体取样和条件控制系统、气体监测和分析系统、数据采集和控制系统等。连续监测方法能够实时、自动地监测固定排放源温室气体排放量，无须对多种燃料类型的排放量进行区分和单独核算，具有数据显示直观、操作简便的特点。该方法在国际上已有较成熟的应用，而在我国的应用尚处于摸索阶段。

根据美国环境保护署（以下简称美国环保署）的统计，2015 年美国 73.9% 的火电机组应用连续监测方法进行碳排放量监测。美国采用安装 CEMS 的设备进行碳排放量监测的方式普及度很高。

美国控排企业的 CEMS 具有如下特点：美国火电烟囱高度较矮，通常会有运维、监测平台，因此，常会将监测点设在烟囱 80 米高处，监测点气态污染物混合均匀，流场稳定，数据代表性较高，误差较小。美国环保署采用 CEMS 数据作为报送数据，其他部分安装的仪器监测的数据可用于厂内自检。CEMS 运维人员需要履行一套完善的考核制度，对人员的专业性要求较高，因此，CEMS 维护工作通常由企业自行管理，定期完成年

度监督试验。此外，美国环保署开发了强大的在线校准电子系统，可实现远程在线校准，更好地保证数据质量。在数据报送方面，美国环保署要求采用电子方式传输信息，通过监测数据检查软件，允许企业查看、分析、打印和输出电子监测计划。美国环保署使用监测数据检查软件开展电子审计并提供自动反馈，该软件能够自动查找错误、误算，并监察企业的监测报告及报告系统，以帮助企业确保排放数据的真实性和完整性，保证数据质量。美国环保署认为连续监测方法得到的数据准确度最高，高于基于核算的方法，而 CEMS 排放数据成为美国环保署有史以来收集得最完整的数据。而根据早期美国《酸雨计划》规定的 SO_2 总量控制与交易体系的经验，虽然应用 CEMS 增加了 7% 的履约成本，但是应用这种方法能够避免因管制机制之间的争议和协商而增加的交易成本。因此，连续监测方法在美国获得了较高的认可度。

欧盟使用连续监测方法的案例较少，2019 年只有 155 个设施（占总设施数的 1.5%）采用了连续监测方法，主要集中在德国、法国、捷克等，绝大多数设施仍采用核算方法确定温室气体排放量。在欧盟碳排放权交易体系下，连续监测方法与核算方法的监测结果具有等效性。欧盟通过规定各类数据应满足的数据层级要求，确保两种方法具有可比的数据质量。欧盟制定了系统的质量控制标准体系（包括 EN-15259、EN-15267-3、EN-14181 等），用来规范连续监测方法的质量控制，其中 EN-14181《固定源排放—自动测量系统的质量保证》是欧洲标准化委员会有史以来制定的最重要、要求最高的标准之一，奠定了欧盟 CEMS 质量保证体系的基础。通过对 CEMS 的设备选用、安装、校准、运行和年度检查进行全过程控制，对监测数据进行持续性把控，确保数据质量始终处于规定的不确定度范围内。连续监测方法未被欧盟广泛采用的原因是其需要部署相关配套的监测设施，同时烟气中相关温室气体的浓度测量等工作具有较高的专业性，而这些都是小型运营商所不具备的。

（2）核算方法

核算方法是将企业经济活动中消耗的化石燃料、原料数量，通过对应的物理排放转化因子换算成相应的温室气体排放量，再将经过各燃料、原料转化后的排放量进行加总计算。和连续监测方法相比，核算方法具有成本低、适用分散污染源的好处，但是也存在人工处理大量数据、标准难以统一、采样分析成本高等缺点。不过，总体而言，由于具有更低的成本和更广泛的适用性，核算方法在国际上的应用更加广泛。

一般而言，核算方法需要计算以下 5 个方面的排放量。

① 化石燃料燃烧排放量。

化石燃料燃烧产生的排放量主要取决于活动水平数据和排放因子。活动水平数据由化石燃料消耗量与燃料的平均低位发热量相乘得到，排放因子由化石燃料的单位热值含碳量、碳氧化率及二氧化碳与碳的摩尔质量比相乘得到。

② 工业过程排放量。

虽然各行业（航空除外）工业生产过程排放涉及的排放气体种类繁多，如发电企业脱硫过程排放、镁冶炼企业能源作为原材料的排放、电解铝企业阳极效应排放、化工企业过程排放等，但核算方法主要分为两类：排放因子法和碳平衡法。排放因子法通过将活动水平与排放因子相乘得到排放量。对于碳平衡法，通过输入原料与输出产品及废弃物中含碳量之差，并乘以二氧化碳与碳的摩尔质量得到排放量。

③ 废弃物处理排放量。

纸浆造纸企业与食品企业、烟草企业及酿酒企业、饮料企业和精制茶企业在生产过程中采用厌氧技术处理高浓度有机废水时产生甲烷排放，该部分甲烷排放量乘以相应的全球变暖潜势即得到该部分产生的排放量。

④ 净购入电力与热力排放量。

净购入电力与热力排放量的计算主要取决于电力消费量和热力消费量及相应的排放因子，需要注意的是电力消费量和热力消费量以净购入电力和热量为准。

⑤ 二氧化碳回收利用量。

部分行业存在二氧化碳回收利用现象，如化工行业。由于该部分二氧化碳未直接排放到大气中，核算时该部分排放量应该扣除掉，具体计算时应由企业边界回收且外供的二氧化碳气体体积、气体纯度及气体密度相乘得到。

2. MRV 工作流程要求

排放量数据的准确性是碳排放权交易体系赖以存在的根基。而碳排放量的监测、报告与核查（Monitoring，Reporting and Verification，MRV）体系是确保排放数据准确性的基础，因此 MRV 的实施效果对碳排放权交易政策的可信度至关重要。MRV 就是数据收集、整理和汇总的实践。只有健全的 MRV 机制才能确保温室气体排放数据的准确性和可靠性。MRV 机制至少包括温室气体排放核算与报告指南、第三方核查体系、MRV 的流程、违规处罚等。MRV 的基本流程如图 2-9 所示。从时间维度来说，MRV 每年的工作（假设 MRV 周期为一年）大致可分为以下几步。

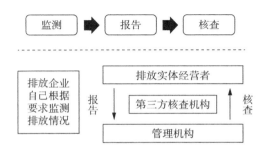

图 2-9 MRV 的基本流程

» 排放企业根据管理机构的要求和自己提交的本年度监测计划，开展为期一年的排放监测工作。

» 排放企业在每年规定的时间节点前向管理机构报告上一年度的排放情况，提交年度排放报告。

» 由独立的第三方核查机构对排放报告进行核查，并在规定的时间节点前出具核查报告。

» 管理机构对排放报告和核查报告进行审定，在规定的时间节点前确定企业上一年度的排放量。

» 排放企业在每年年底提交下一年度的排放监测计划，作为下一年度实施排放监测的依据，然后重复第一步的工作。

可以看出，MRV工作必须由排放企业、管理机构和独立的第三方核查机构共同完成。从根本上来讲，管理机构颁布的各项法规制度是MRV体系的法律基础和制度基础。企业依据相关法规进行温室气体排放数据监测是后续进行温室气体排放报告的前提。企业的温室气体排放数据监测和报告又是第三方核查机构进行核查工作的基础，同时核查工作的开展又可以帮助企业完善和改进自身温室气体排放数据监测和报告。三者相互支撑，相辅相成，缺一不可，如图2-10所示。

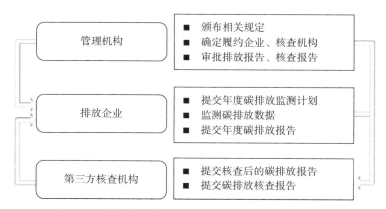

图2-10　排放企业、管理机构和第三方核查机构之间的关系

2.2.5　履约考核

履约考核是每个碳排放权交易履约周期的最后一个环节，也是最重要的环节之一。履约考核是确保碳排放权交易体系对排放企业具有约束力的基础，基本原理是将企业在履约周期末所上缴的履约工具（碳配额或减排信用）数量与其在该履约周期内经核查的排放量进行核对，若前者大于等于后者则被视为合规；若前者小于后者则被视为违规，要受到惩罚。未履约惩罚是确保碳排放权交易政策具有约束力的保障。例如，欧盟规定超标排放的企业要为每吨碳排放付出 100 欧元的代价，远远高于欧盟碳配额的价格。

主管部门必须通过有公信力的惩罚制度确保履约，包括向社会公告违规行为、罚款、赔偿等措施的组合。其中，公告违规行为对纳管实体的声誉影响已被证明具有强大的威慑力，可以通过公开披露碳市场的效果来增强这种威慑力，但除此之外还需要一个具有约束力的惩罚制度。

主管部门需要建立注册登记系统，记录、监测和促进碳市场系统内所有配额的创建、交易和清缴。注册登记系统可向市场参与者和公众开放，有助于有关各方就配额供求平衡形成意见。这是形成市场信息健全、流动性良好的一级和二级配额市场的先决条件。注册登记系统应提供有关排放、配额分配和清缴及履约情况的足够详细的数据，同时确保维持适当的保密和安全标准。监管机构要监管一级和二级配额市场。市场监管制度决定了谁可以参与交易、交易内容和交易地点，以及关于市场完整性、波动性和防止欺诈或操纵的其他规则。市场监管工具包括清算和保证金要求、报告和披露交易头寸的要求、持有量限额和参与、登记账户和许可证要求。

履约及履约的公信力对整个碳市场的完整性和效果至关重要，需要法律、信息技术和 MRV 等领域的专家为设计有效的履约系统做出贡献。

2.2.6 抵消机制

碳减排量认证是向实施经批准的减排或碳清除活动的行为者发放可交易的减排量的过程。碳市场允许这些碳减排量被用作"抵消"，并用于履约，以代替管控对象的配额去抵消其排放。目前，抵消机制被大多数碳市场接受。

为了使抵消可信，任何计入的减排量或清除量都必须是"额外的"，这意味着覆盖范围的排放源在碳市场总量以外的排放量，只能通过其他地方进行减排或封存来补偿。因此，只要碳减排量代表真正的、永久的和额外的减排，抵消就不会对总体排放结果产生净影响。

抵消信用来源可能在两个主要方面有所不同：减排活动的地理范围和减排量认证机制的管理。减排量认证机制可能仅限于认证同一管辖区内的减排或碳清除活动，或者可能包括碳市场管辖区外产生的抵消量。该计划本身可能由国内管理者设计和管理，也可能在不同程度上依赖现有的减排量认证机制。

减排量认证机制将碳价信号扩大到碳市场未覆盖的行业，并为因技术、政治或其他原因难以纳入碳市场管控范围的部门提供产生减排激励的途径，支持投资流入这些行业，并允许碳市场未覆盖行业具有所需能力和意愿的实体"选择参与"减排活动。与此同时，抵消机制通过降低履约成本，并以减排项目实施者的形式创建一个新的、支持性的政治群体，可能使碳市场对私营部门更有吸引力。这反过来可能会让决策者设定一个更加雄心勃勃的配额总量，并可能支持政策稳定。

同时，碳市场中对抵消机制的接受也带来了潜在的挑战。如果减排量不是额外的（如某个行为实体即使在没有减排量认证机制的情况下也会进行一项活动），不是真实的（如没有发生减排），或者不是永久性的（如减排被逆转并在后期释放到大气中），那么抵消机制会给环境保护带来风险。如果没有适当考虑到国内和国际气候承诺，抵消机制的引入也可能会产生不正当的动机，促使行政管辖区在抵消产生行业和来源中执行宽松的气候承诺，削弱全球环境成果。此外，还存在抵消被重复计算的可能性（如减排量被同时计入业主行政管辖区和买方行政管辖区）。

管理这些挑战的系统方法包括使用额外性测试，强制规定保守的基准线，要求业主所在的行政管辖区提供担保，或者在每个项目签发的减排量中截留一部分形成一个共同的减排量池，作为防止逆转、泄漏或缺乏额外性风险的保险。

使用抵消机制也可能带来碳市场治理方面的挑战。通过提供减排机制方面的灵活性，可以降低配额价格，从而使企业投资减排技术的积极性受到抑制。对减排量认证机制的管理者和参与者来说，使用抵消也会带来高昂的交易成本。各行业之间减排努力的转移也可能引起配额分配方面的担忧。随着时间的推移，抵消可能给扩大碳市场覆盖范围带来挑战，因为产生减排量的公司会抵制从获得减排量收入到承担控排责任的转变。

为了促进碳减排量的完整性，需要确保这些减排量是按照强有力的规则和方法产生的，要么利用现有的减排量认证机制在国内或国际上寻求碳排放量，要么建立一个新的减排量认证机制来实现一套具体的国内政策目标。为了确保碳减排量的可信性，还需要建立项目登记和减排量发放程序，此外，如果出现减排逆转的情况，需确定责任承担者及相应的责任。完整性意味着，在决定将产生碳减排量的认证机制、地理区域、气体、部门和活动纳入碳市场时，需要仔细考虑。例如，接受碳减排量的定性标准可能基于环境保护程度或来源地。对于被归类为合格的碳减排量，定量限额也可用于控制低成本减排量的流入和共同减排利益的重新定位。

2.2.7　交易机制

碳排放权交易体系的目标是发挥市场机制的优势，实现对碳排放权这一稀缺资源的优化配置。配额价格可以随着政策制定者控制的供给与需求之间的平衡而变化，也会受经济形式和企业层面因素的复杂的相互作用驱动而变化。

碳排放权交易根据交易品种和交易 / 结算场所不同可以分为不同的类型。按交易品种不同，可以把碳排放权交易分为配额交易和减排信用交易，以及现货交易和衍生品交易。从过往的经验来看，一方面，配额碳市场的交易量远大于减排信用市场的交易量；另一方面，由于衍生品交易的流动性远高于现货交易的流动性，因此国际碳市场中衍生品交易的比重高达 95% 以上。按是否在交易所的交易平台进行集中交易，可以把碳排放权交易分为场内交易和场外交易，其中场外交易的结算既可以在结算机构进行，也可以进行双边结算。

提供一个运行良好的市场对碳市场按预期运行、有效促进减排和为长期脱碳提供适当的价格信号至关重要。它还将通过确保在适当的时间减少排放（跨期效率）和确保进行适当的减排项目（分配效率）来支持经济效率。

经济冲击、市场或监管失灵可能会破坏对这些结果的追求。为了确保市场表现良好，配额价格可预测，必须通过跨期灵活性来支持碳市场。跨期灵活性使得当前价格能够反映未来的市场预期。同样，针对参与和治理二级市场而制定适当的规则也可以提高碳市场的效率。

有 3 种工具可供政策制定者使用，以提供更大的时间灵活性。

» **存储**。这允许受监管实体将当前履约期的配额存储起来以备将来使用。配额存储可以帮助提振低碳价，也可以为未来的高碳价创造缓冲。最关键的是，配额存储推动了减排，使短期目标更有可能实现。

» **预借**。允许受监管实体从未来履约期预借配额以便在当前履约期使用，可以为受监管实体确定其履约策略提供灵活性。然而，通过在短期内减少减排行动，预借会推迟实现碳市场总量控制目标所需的减排。因此，大多数碳市场要么禁止预借，要么只在有限的范围内允许预借。

» **确定履约期的长度**。在一个履约期内，企业可以在最有效率的时间段进行碳减排，即在此时间段内配额的存储和预借通常不受限制，这使得该履约期的长度成为决定时间灵活性的重要因素。

政策制定者必须决定谁可以参与一级市场（拍卖）和二级市场，以及支持市场发展的主管机构。在碳市场下有履约义务的公司是参与市场的特定对象，但是没有履约义务的机构和个人也可以在增加流动性和提供风险管理产品的渠道方面发挥重要作用。将金融市场参与者纳入碳市场必须受到严格的监管。对于政府自身参与碳市场的程度也必须明确规定。在特殊情况下，政府可以直接干预碳市场以提高流动性；然而，政府应避免重复干预，因为这可能意味着市场设计存在根本性的问题。

即使碳市场有一个运行相对良好的二级市场，仍然存在价格持续远高于或低于预期的风险。因此，碳市场通常采用某种形式的价格或供应调整措施来建立价格稳定机制。价格稳定机制有助于地区实现一个可预测的碳价和有效的碳市场，这意味着碳价不会太高也不会太低，这可能与长期脱碳目标不一致。

价格稳定机制的工作原理是根据某些标准调整可用的配额供应。这些措施将因以下因素而有所不同：是针对高价格还是针对低价格；使用价格标准还是数量标准来确定触发干预；是以暂时性还是永久性的方式影响配额的供应。价格稳定机制的设计旨在帮助地区在实现给定排放水平的确定性与实现减排的成本之间达到平衡。这些措施的实施，以及做出暂时性或永久性供应调整的决定，与总量设定和配额分配有着明确的联系。价格稳定机制通常基于提前公布的、明确定义的干预规则开展。然而，在某些情况下，各地区也会采用一种使监管机构在何时及如何干预市场方面有一定的自由裁量权的价格稳定机制。

大多数价格稳定机制都专注于避免价格过高或过低。用于应对低碳价的方法包括使用拍卖底价、硬价格下限或征收额外费用。用于应对高碳价的方法包括使用成本控制储备或硬价格上限。虽然不太常见，但价格稳定机制也可以通过响应数量标准（如存储的配额数量）来管理供应。每种方法都有优点和缺点，但最近全球的趋势是，通过采用调整拍卖供应量的方式来应对高碳价和低碳价的风险。

2.2.8　市场监管

对碳排放权交易体系的监管可以分为碳排放权交易政策监管和市场监管两个方面，不同的方面通常由不同的监管机构负责。市场监管的目的是维护碳市场的正常秩序，避免欺诈、操纵、内幕交易等非法行为的出现。对于 MRV、履约合规、抵消机制等碳排放权交易政策的监管，一般由碳排放权交易体系的主管机构负责，监管对象包括排放企业、核查机构、减排项目业主等，这部分监管的目的是确保政策能够按碳排放权交易法律规定予以实施。对碳市场的监管可以分为以下 3 类。

» 一级市场拍卖，主要是碳排放权交易主管机构监管和拍卖机构的自我监管相结合。

» 二级市场现货交易，主要是管理机构监管和交易所自我监管相结合，金融监管机构也可能参与其中。

» 期货、期权等衍生品市场交易，主要是金融监管机构监管和交易所自我监管相结合。

与商品和金融市场一样，各级监管机构可以采取多种措施，将市场不当行为的风险降至最低，防止系统性风险，并防范操纵行为。一般来说，降低风险的方法有：了解谁在市场上进行交易；排除有市场不当行为历史的交易员；确保参与者拥有履行其交易的财务资源，并限制参与者在市场上的持有量。实施这些保障措施的具体战略包括以下几种。

» **支持在交易所交易。** 场外交易市场的交易透明度低于交易所，因此会导致一定程度的系统性风险。例如，如果一个买方和交易对手在交易中积累了很大的份额，而其中任何一方都无法履行合同义务，其结果可能是市场完全失灵。而在交易所，当发生违规行为时，交易所可以通过自己的监管程序发挥监管作用，如中止会员资格等。此外，交易所在提供有关价格、成交量、未平仓权益及开盘和收盘区间的信息时也可能有用。

» **结算和保证金要求。** 交易所的交易总是会被清算（有一个清算所成为交易的中心对手），但场外交易不一定是这样。因此，监管机构越来越多地要求标准化合同的场外结算。由于清算所要求以存款作为抵押品，以覆盖信用风险，直至头寸平仓（也称为"保证金"），从而不仅大大降低了系统性风险，也大大降低了交易对手风险。清算所降低了交易对手的风险，因为它可以确保每一方都有足够的资源来清算任何交易。这为交易双方提供了信心，并避开了财务上不合适或欺诈的交易者。

» **报告和披露。** 在没有强制清算或交易所交易的情况下，交易存储库或中央限价订单簿①可以作为市场交易单的登记簿和交易档案，向监管

---

① 中央限价订单簿是未完成限价订单的集中记录。每个限价订单都指定以预定（或更好）的价格购买或出售配额。

机构提供市场变动信息。

» **持有量限制**。持有量限制是指对一个市场参与者或一组有业务关系的市场参与者可能持有的配额或衍生品的总数施加限制，以防止他们试图扭曲市场。持有量限制可以通过在注册登记系统一级或中央清算所一级来实施。

» **参与和许可要求**。监管者可以选择对谁可以在什么市场进行交易施加限制，并决定是否需要这些活动的许可证。例如，韩国在其碳市场第一和第二阶段将市场参与者限制在管控对象和少数银行（做市商）的范围内。自第三阶段以来，金融中介机构已经能够参与二级市场。监管机构还可以引入资本要求，以降低系统性风险，并制定涉及与在系统中注册的参与者的业务关系的披露规则。一般来说，更多的市场参与者将创造一个更具流动性的市场，这是可取的。不过，核实所有市场参与者的身份和以往的行为记录对于降低操纵和欺诈风险非常重要。

» **利用现有的监管工具**。一些行政管辖区以与金融市场相同的方式管理排放配额。这种监管方式允许使用金融市场的监管工具和监管制度。欧盟将碳市场配额归类为受欧盟金融监管的金融工具，包括监管金融市场的《金融工具市场指令》。鉴于可靠的金融市场监管，欧盟决定，现有的监管机构可以发挥市场监督作用。在加利福尼亚州，虽然拍卖由环境监管机构空气资源委员会监督，但二级市场活动属于金融市场，这可能需要美国境内的州和联邦机构参与。然而，一些行政管辖区，如新西兰，并未将配额定义为金融产品，但管理贸易的法规仍然以现有的金融法规为基础。不将准备金归类为金融产品可能会增加不当行为的风险。

» **市场监测报告**。这些报告用于审查、评估拍卖和二级市场活动，以识别潜在的不当活动和违反规定的行为。这些报告的公布频率和细节各不相同。例如，RGGI 的市场监测机构编制了一份年度报告，对定价趋势、参与水平和市场监测进行了全面总结。除每次拍卖后的监测报告外，每个季度还将公布更加频繁、内容较少的价格和交易量报告。

2.2.9　配套的法律法规体系

碳市场是依赖政策的市场，法律在碳市场的所有阶段都发挥着重要作用。明确定义和可执行的规则对碳市场的正常运作至关重要，因为配额是由政策制定者制定的，并在供给上受到人为限制。一个有缺陷的法律框架会破坏碳市场的环境目标，削弱市场参与者的信心。这将影响交易行为，干扰市场的完整性和效率。一个健全的法律框架包括授权建立碳市场的初始法律文件、涉及关键设计参数的配套法律文件及确保履约的执法体系。碳排放权交易的法律法规体系可以分为以下 3 个层级。

第一个层级是气候变化立法。它是一国或一个地区与气候变化有关的一些工作的法律基础，可以对碳排放权交易体系的出台提供宏观依据和指导，如美国加利福尼亚州的 AB32 法案、新西兰的《应对气候变化法》。这一层级的法律并非必备的，但如果有的话将有利于碳排放权交易和其他政策的协调。

第二个层级是碳排放权交易的整体立法。它确立整个碳排放权交易体系运行的框架，对碳排放权交易的各个环节做出整体性安排，规定碳排放权交易体系的覆盖范围、时间安排、配额分配原则、履约规则、抵消机制规则等，如欧盟的 EU ETS 排放指令。中国碳排放权交易试点的碳排放权交易整体立法以地方政府规章或地方人大决定的形式出台。

第三个层级是关于碳排放权交易体系具体环节的法规。例如配额分配方法、MRV 体系（还需要配套相关的核算和报告指南、核查办法等）、拍卖规则、交易规则、登记系统规则等。

根据不同行政管辖区的法律实践，建立碳市场的立法类型将因所属地区的具体情况而异。在美国加利福尼亚州，2006 年的 AB 32（全球变暖解决方案法案）要求加利福尼亚州到 2020 年以最具成本效益的方式减少大约 15% 的温室气体排放量。AB 32 授权采用基于市场的工具，并要求制订覆盖范围计划，以制定实现减排目标的战略。该法案将未来的市场机制设计留给了加利福尼亚州空气资源委员会，但制定了一些指导原则，如确保该方法将碳泄漏降至最低，并且不会对低收入社区造成不相称的影响。第一个覆盖范围计划于 2008 年获得批准，该计划建议实施加利福尼亚州总量控制与交易计划。

可见，碳市场的法律基础和目标是在立法中确立的，而设计和实施的许多细节是通过法规细则规定的。一般来说，那些对系统的运作更加重要或政治上更加敏感的细节将在立法中加以界定，而更多的技术问题则可能在附属法规细则中加以规定。法规在层次结构中的不同位置意味着需要有不同的程序要求，并对监管程序和利益相关者参与的程度产生影响。这将影响法规适应环境的灵活性，并对其所提供的合法性和法律确定性产生影响。法规的级别越高，对司法审查及政治时局变化后的修订或废止的承受能力就越强。然而，级别越高的法规越难制定或调整。因此，选择位于法规"金字塔"中较高位置的碳市场规则（如正式立法）可以加强碳市场的合法性和政治持久性，但也往往会导致制定或修订过程更慢、更麻烦。

由于碳市场的政治背景和市场基本面处于不断变化的状态，行政管辖区将寻求在某些要素方面保持不同程度的灵活性。法律基础由碳市场的核心要素组成（如其总体目标、一般原则及管控对象的主要权利和义务），通常在更高、更正式的层面进行监管。需要经常更新的技术指导或操作细节（如基准或详细的 MRV 规则）通常通过更灵活的法规和法令来确定。美国加利福尼亚州的立法规定了排放交易机制的总体减排目标，并对排放交易机制的要素进行了宏观概述，如开始日期和持续时间、拍卖制度及抵消制度的建立。

同样，在联邦组织或跨国管辖区，监管机构必须决定在中央一级监管什么，以及将什么授权给行政管辖区或地方当局。更大程度的集中化有利于更好地协调，并有助于避免跨行政管辖区执行的不均衡。然而，许多任务的执行都需要了解当地情况并与管控对象直接接触，因此向地方当局授权会更有利。

2.3 碳排放权交易体系支撑系统

碳排放权交易体系除以上所述的若干核心要素外，还需要有配套的支撑系统才能顺利运转起来。最主要的支撑系统为碳配额注册登记系统、碳排放数据报送系统、交易和结算系统（见图 2-11）。

图 2-11　碳市场支撑工具

2.3.1　碳配额注册登记系统

碳配额注册登记系统是用于记录排放权的创建、归属、归属转移及注销等状态和过程的工具，是配额和减排信用赖以存在的物理基础（见

图 2-12）。碳配额注册登记系统从本质上说就是一本账簿，记录了配额（或减排信用）从产生到更换所有者到最后注销的全过程。管理机构、排放企业及其他碳市场参与者手中持有多少配额（或减排信用）都需要通过碳配额注册登记系统来明确。碳配额注册登记系统作为账簿，其形式有多种，原始的纸笔记录、电子文档记录、电子化系统均可，目前较多地采用通过互联网进行安全访问的电子数据库系统。

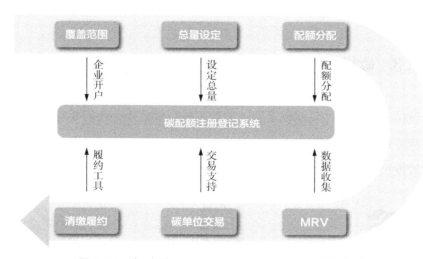

图 2-12　碳配额注册登记系统在碳排放权交易体系中的作用

在碳配额注册登记系统中，配额（或减排信用）的持有权一般是通过账户方式确定的。账户大致分为以下 3 类。

第一类是管理机构所持有的管理账户。配额（或减排信用）的创建、分配及最后的注销均通过管理账户完成。

第二类是市场参与者持有的账户。市场参与者包括排放企业、减排项目业主及其他自愿参与碳市场的机构、个人等。

第三类是其他账户，包括交易平台的账户、拍卖机构的账户等。

如果管理机构进行配额分配，相应数量的配额应从管理账户转移到被分配者的账户；如果市场参与者进行配额交易，相应数量的配额应从出售者持有的账户转移到购买者的账户；如果排放企业要完成履约合规，需要将相当于其排放量的配额（或减排信用）从自身的持有账户转移到管理机构规定的账户。在数据交换过程中，配额（或减排信用）需要按照相关标准进行编码。

碳配额注册登记系统的设计可能需要与其他领域的法律（如财产法、税务和会计法、破产法和金融法）保持一致，并与颁布这些法律的机构一起处理这些问题。最具挑战性的法律问题往往涉及配额的法律性质的确定及将责任分配给所有相关机构。这些问题应在早期确定和解决，以避免以后的争端。

除了系统设计和法律流程，主管部门还要建立碳配额注册登记系统的管理体制框架。主管部门应列出碳配额注册登记系统管理员的职责，并确定碳配额注册登记系统用户的使用条款和费用，以及碳配额注册登记系统管理预算的规模和结构。将碳配额注册登记系统的行政职能与碳排放权交易体系的其他公共职能结合起来，可能有利于专业化和知识共享，并在政府和利益相关者之间提供单一的联系点。

2.3.2　碳排放数据报送系统

碳排放数据报送系统是用于排放企业向主管部门报告有关信息的系统，是政府进行碳市场管理的数据基础（见图 2-13）。碳排放报送系统可以是原始的纸笔记录、电子文档记录或电子化系统，由于使用电子化系统能够确保信息的准确性和管理的灵活性，因此，目前大多采用可通过互联网安全访问的电子数据库系统。

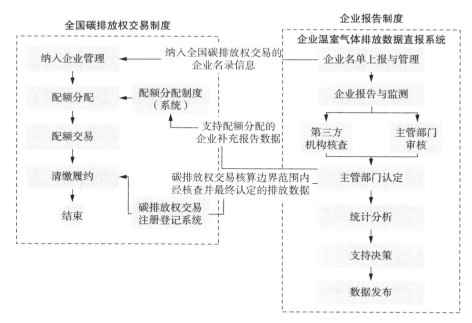

图 2-13　碳排放数据报送系统在碳排放权交易体系中的作用（以中国碳市场为例）

碳排放数据报送系统一般有以下 3 种账户。

第一类是排放企业账户，用于报告排放企业的信息、具体的排放设施、每个设施的用能量、外购热力电力量等政府规定报告的信息。

第二类是核查单位账户，用于核查机构对企业提交的信息进行核查，并将核查意见及经过核查的排放量上传到系统中。

第三类是政府管理账户，用于组织管理排放报告核查进度、统计排放量等。碳排放数据报送系统需要与碳配额注册登记系统进行连接，以便明确企业需要缴纳的配额数量。

2.3.3　交易系统和结算系统

1. 交易系统

碳配额注册登记系统和碳排放数据报送系统一般由主管部门进行开发

管理，而交易系统往往由交易所开发管理，将具体的交易规则（如连续交易、定价点选、竞价出售等）体现到系统中，用于撮合市场上的买家和卖家。主管部门和金融监管部门只对市场及交易进行监管，并不负责具体的管理工作。

交易系统需要与碳配额注册登记系统对接，以实现配额流转的登记。主管部门允许参与碳排放权交易的市场参与者只有通过交易所在交易系统中开户，同时在碳配额注册登记系统和交易所要求的银行开户，才可以顺利进行配额交易。

2. 结算系统

除了交易系统，还需要建设结算系统，与主管部门规定的金融机构连接，在交易撮合成功后完成资金结算和转移。

第 3 章

中国碳市场发展现状和制度设计

························▼························

　　中国早在 2005 年便以开发核证减排量和自愿减排量项目的方式参与国际碳市场，作为减排量的卖方从碳市场获得了不少实质性的收益。自 2011 年起，我国探索建立国内碳市场，并在北京、天津、上海、重庆、湖北、广东和深圳"两省五市"开展试点工作。此后，福建作为我国首个生态文明试验省启动了省内碳市场，四川则申请在四川联合环境交易所开展 CCER 交易。经过多年实践，7 个试点和福建已基本建成 8 个主体明确、规则清晰、监管到位的区域碳市场，另外还有包括四川在内的 9 个 CCER 交易中心。在试点的基础上，国家启动了全国碳市场建设。2021 年 1 月 5 日，生态环境部公布了《碳排放权交易管理办法（试行）》，并印发了配套的配额分配方案和重点排放单位名单。这意味着自 2021 年 2 月 1 日起，全国碳市场发电行业第一个履约周期正式启动，"2 225 家发电企业被分配碳排放配额并要求按照排放量清缴配额，这将有助于发挥市场机制在实现 CO_2 排放达峰目标与碳中和愿景中的重要作用。随着全国碳市场的启动，我国将成为全球温室气体覆盖量最大的碳市场，在全球碳定价机制发展史上具有里程碑意义。

3.1 清洁发展机制为国内碳排放权交易机制奠定基础

CDM 是国内碳市场发展的起点，为国内碳排放权交易机制的发展奠定了基础。CDM 的基本运作是以项目为基础的，买方是发达国家，卖方是发展中国家，碳减排要经过监测和核准，最后确定项目总排放量。

我国作为全球最大的 CDM 供应国（约占全球 CDM 总供应量的 60%），为《京都议定书》附件一国家完成第一承诺期减排目标做出了重要贡献。由于具备减排规模大、减排成本低、CDM 质量较高等特点，我国的 CDM 项目一度深受国际买家青睐。但 2013 年之后，由于国际 CDM 需求和国际政治环境发生了较大变化，特别是《京都议定书》履约期的持续性问题，我国 CDM 项目开发和签发基本上趋于停滞。我国核证减排量的签发量（单位 tCO$_2$e）及全球占比见图 3-1。

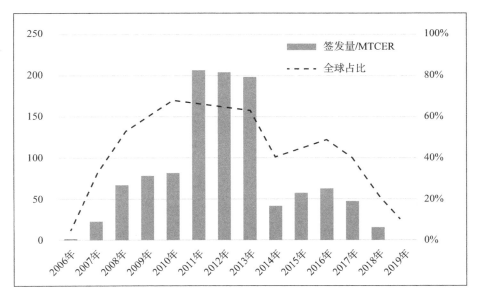

图 3-1 我国核证减排量的签发量（单位 tCO$_2$e）及全球占比

不可否认的是，我国开发 CDM 项目在数年间显著提高了应对气候变化的意识和能力，为我国减排项目的开发提供了宝贵的经验，也为我国碳市场培养了第一批技术型人才。以 CDM 项目收入为基础成立的中国清洁发展机制基金，对我国碳市场的发展起到了支持作用。同时，CDM 的制度架构及其相关技术文件，为我国碳市场的制度设计提供了参考模板。在 2012 年 CDM 逐渐失去了其作为我国减碳驱动力的主导地位后，我国通过 CDM 累积的应对气候变化的能力在相当短的时间内为我国碳市场的设计和运行做出了巨大贡献。

3.2　碳排放权交易试点为全国碳排放权交易提供实践经验

3.2.1　试点建设运行基本情况

2011 年，我国启动碳排放权交易试点工作，在北京、上海、天津、重庆、湖北、广东和深圳 7 省市率先开展了制度设计、数据核查、配额分配、交易平台建设等工作。加上福建碳市场，8 个区域碳市场覆盖了约 14 亿吨 CO_2 的年排放配额总量和 3 000 家重点排放单位，由此展开了建立既符合我国国情又具有当地特色的碳排放权交易市场的积极探索。碳排放权交易试点基本情况见表 3-1。

截至 2021 年 12 月 31 日，试点碳市场配额现货累计成交量 5.26 亿吨（见图 3-2），成交额 128.4 亿元（见图 3-3）。其中，广东、湖北累计成交量较高，深圳、上海、北京累计成交量次之，天津、重庆累计成交量相对较低。

表 3-1　碳排放权交易试点基本情况汇总

试点	启动时间	配额总量	纳入行业	纳入标准	配额分配	履约处罚	交易主体	交易方式
北京	2013 年 11 月 28 日	未公布，约 0.6 亿吨 CO_2/年	电力、热力、水泥、石化、其他工业和服务业、交通	CO_2 排放量 5 000 吨以上	历史法和基准线法，初始配额免费分配	未按规定报送碳排放报告或核查报告可处 5 万元以下罚款。未足额清缴部分按市场均价 3～5 倍罚款	控排企业、境内外机构、个人	公开交易、协议转让
天津	2013 年 12 月 26 日	未公布，约 1.6 亿吨 CO_2/年	电力、热力、钢铁、化工、石化、油气开采、建材、造纸、航空	CO_2 排放量 1 万吨以上	历史法和基准线法，初始配额免费分配	对交易主体、机构、第三方核查机构等连续违规行为责令限期改正。对违约企业黄令限期改正、3 年内不享受受优惠政策	控排企业、机构、个人	拍卖、协议转让
上海	2013 年 11 月 26 日	1.58 亿吨 CO_2（2019 年度）	工业：电力、钢铁、石化、化工、有色、建材、纺织、造纸、橡胶和化纤；非工业：航空、机场、港口、商业、宾馆、商务办公建筑和铁路站点	工业：CO_2 排放量达到 2 万吨及以上；非工业：CO_2 排放量达到 1 万吨及以上；水运：CO_2 排放量达到 10 万吨及以上	历史法和基准线法，初始配额免费分配	对违约企业罚款 5 万～10 万元，记入信用记录，向工商、税务、金融等部门通报	控排企业、境内外机构	连续挂牌竞价、协议转让、拍卖
重庆	2014 年 6 月 19 日	未公布，约 1.3 亿吨 CO_2e/年	发电、化工、水泥、热电联产、自备电厂、电解铝、平板玻璃、钢铁、冷热电三联供、民航、造纸、铝冶炼、其他有色金属冶炼及延压加工	温室气体排放量达到 2.6 万吨 CO_2e 以上（含）	政府总量控制与企业竞争博弈相结合，初始配额免费分配	未报告核查罚款 2 万～5 万元，虚假核查罚款 3 万～5 万元；违约配额清缴届满前一个月配额平均价格的 3 倍处罚	控排企业、机构、个人	公开竞价、协议转让、挂牌点选

续表

试点	启动时间	配额总量	纳入行业	纳入标准	配额分配	履约处罚	交易主体	交易方式
广东	2013年12月19日	4.65亿吨CO_2（2019年度）	电力、水泥、钢铁、石化、陶瓷、纺织、民航	年排放2万吨CO_2或年综合能源消费1万吨标准煤	历史法和基准线法，初始配额免费分配+有偿分配。电力企业免费配额比例为95%，钢铁、水泥、造纸、石化、陶瓷企业的免费配额比例为97%，航空企业的免费配额比例为100%	未监测和报告罚款1万~3万元；扰乱交易秩序罚款15万元；对违约企业不超过以市场均价的1~3倍罚款，在下一年双倍扣除违约配额	控排企业、境内外机构、个人	挂牌竞价、挂牌点选、单向竞价、协议转让
湖北	2014年4月2日	2.7亿吨CO_2（2019年度）	电力、钢铁、水泥、化工、石化、造纸、热力生产、玻璃及其他建材、纺织业、汽车制造、设备制造、食品饮料、陶瓷制造、医药、有色金属制品和其他金属制品	年综合能耗1万吨标准煤及以上的工业企业	历史法、基准线法，初始配额免费分配	不报告罚款1万~3万元；不核查罚款1万~3万元；对违约企业在下一年度配额中扣除未足额清缴部分，按市场均价2倍配额，罚款5万元	控排企业、机构、个人	连续挂牌竞价、协议转让、拍卖
深圳	2013年6月18日	未公布，约0.3亿吨CO_2	工业（电力、水务等）和建筑	工业：CO_2排放量3000吨以上；公共建筑面积：20000m²；机关建筑面积：10000m²	竞争博弈（工业）与总量控制（建筑）相结合，初始配额免费分配	对交易主体、机构、核查机构违规者处5万~10万元罚款；对违约企业在下一年度配额中扣除未足额清缴部分，并处以清缴碳市场均价的3倍罚款	控排企业、境内外机构、个人	挂牌点选、协议转让
福建	2016年12月22日	未公布，约2.2亿吨CO_2	电力、建材、钢铁、有色、化工、石化、民航、造纸	年综合能源消费总量达5000吨标准煤以上的企业	历史法、基准线法，初始配额免费分配	对重点排放单位、核查机构等在报告数据核查方面违规者处1万~3万元罚款；对重点排放单位拒不履行清缴义务者，在下一年度配额分配中扣除其未足额清缴部分的2倍配额，并处以清缴截止日前的1~3年配额碳市场均价的1~3倍罚款，但罚款金额不超过3万元	控排企业、机构、个人	公开竞价、协议转让

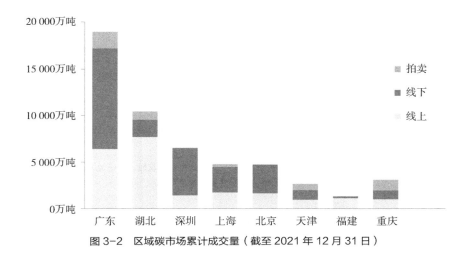

图 3-2　区域碳市场累计成交量（截至 2021 年 12 月 31 日）

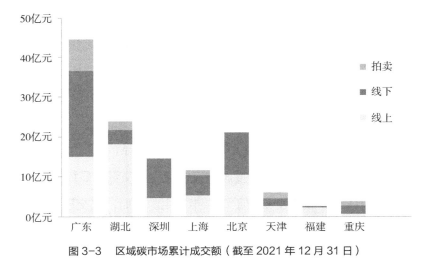

图 3-3　区域碳市场累计成交额（截至 2021 年 12 月 31 日）

各区域碳市场开市以来的交易数据，普遍经历了前期碳价走低、后期价格回调的过程。具体而言，各区域碳市场开市后的前半年，控排企业对碳市场政策不熟悉，对自身配额盈缺情况了解不充分，不敢轻易开展配额交易，碳价普遍保持在开盘价格（政府指导价格）附近；2015—2016 年，试点开始阶段存在的市场制度不完善、配额分配整体盈余的现象开始显现，碳价开始探底，上海碳价一度下跌至 5 元/吨，广东、湖北碳价也一度下跌至 10 元 / 吨以下。此后，随着碳市场制度的逐年完善，企业对碳市场控排的长期预期形成，配额分配方法趋于细化，配额分配整体适度从紧，碳价随之开始回调。目前从整体来看，试点碳价变化逐步趋稳，呈现出自然的波动状态，表明我国碳排放权交易市场均衡机制已经形成，市场成熟度不断提高。试点碳市场配额价格走势如图 3-4 所示。

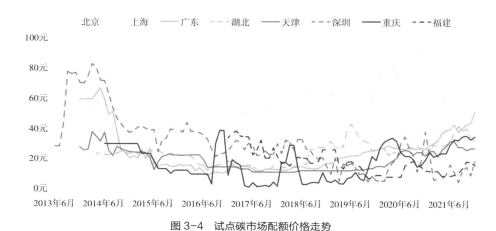

图 3-4 试点碳市场配额价格走势

从试点成交量发生时间来看，"潮汐"现象明显，即临近履约截止日期，各试点成交量显著增大；年度履约完成后，成交量明显缩小。2021 年这一现象仍有体现，成交量集中于下半年发生。然而，成交已不再大比例集中于履约截止日期前的一个月，特别是广东碳市场成交时间明显前移，上半年也出现了不小比例的成交量，反映出企业正在积极开展碳资产管理。试点碳市场成交量的时间分布如图 3-5 所示。

随着全国碳市场的启动，区域碳市场也在向全国碳市场有序过渡。一方面，对于全国碳市场纳入的行业，如 2019—2020 年履约期纳入的发电行业，区域市场将不再纳入，统一按照全国碳市场的规则，在全国碳市场进行交易，未来有色金属、建材、钢铁等行业也按此处理；另一方面，区域市场仍将继续发挥先行先试的作用，在纳入行业、有偿分配、碳金融创新、碳普惠、气候投融资等方面持续创新，为全国碳市场乃至其他低碳政策积累经验。

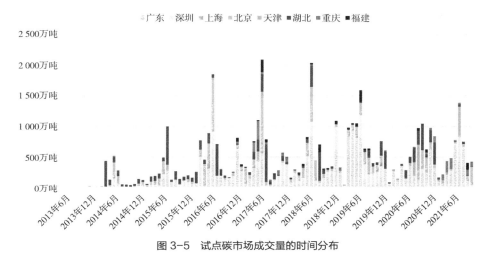

图 3-5　试点碳市场成交量的时间分布

3.2.2　自愿减排市场交易情况

2012 年国家发展和改革委员会（以下简称国家发展改革委）办公厅发布了《温室气体自愿减排交易管理暂行办法》和《温室气体自愿减排项目审定与核证指南》，这两份文件基本确立了我国自愿减排项目的申报、审定、备案、核证、签发等工作流程，意味着国内自愿减排市场跨出了实质性的一步。此后，我国温室气体自愿减排交易体系不断完善，与此同时，推动了碳排放权交易试点工作的有效实施，为全国碳市场在制度建设、技术储备和人才培养方面做了积极准备。

CCER 的入市丰富了碳市场的交易品种，降低了重点排放单位的履约成本，提升了碳市场的活跃度与运行效率，也为控排企业、投资机构等碳市场参与者提供了更广阔的空间。2015 年自愿减排项目正式启动交易，但 2017 年 3 月，国家发展改革委发布公告暂停了 CCER 项目和减排量的备案申请，目前尚有待生态环境部明确最终的自愿减排交易改革方案，重启 CCER 项目和减排量审批。截至 CCER 恢复备案前，国家发展改革委公示 CCER 审定项目累计 2 856 个，备案项目 1 047 个，获得减排量备案项目 287 个。获得减排量备案的项目中，挂网公示了 254 个，合计备案减排量 5 294 万吨 CO_2e，根据国家应对气候变化战略研究和国际合作中心（以下简称国家气候战略中心）披露，实际签发量超过 7 000 万吨 CO_2e。从项目类型看，风电、光伏、农村户用沼气、水电等项目较多，详细情况如图 3-6 所示。

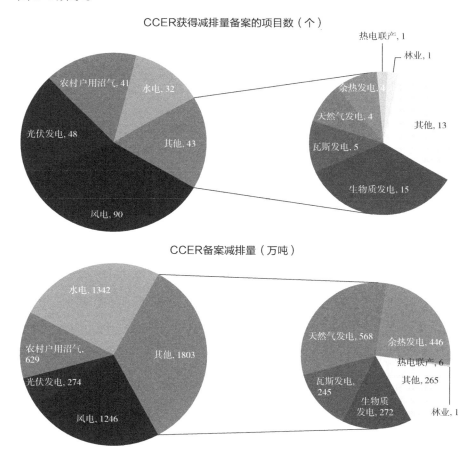

图 3-6 CCER 获得减排量备案的项目数与备案减排量[①]

---

① 资料来源：中国自愿减排交易信息平台。

虽然项目和减排量审批尚未重启，但已签发的 CCER 交易仍在继续。根据各交易所的公开信息，截至 2021 年 12 月 31 日，全国 CCER 累计成交 4.43 亿吨。其中上海 CCER 累计成交量持续领跑，达 1.70 亿吨，占比 38%；广东排名第二，占比 16%；天津排名第三，占比 14%；北京和四川的 CCER 累计成交量均超过 3 000 万吨，分别为 4 544 万吨和 3 417 万吨，占比各为 10% 和 8%；湖北市场成交量不足 1 000 万吨，重庆市场成交量 372 万吨（见图 3-7）。

图 3-7　试点碳市场 CCER 累计成交量（截至 2021 年 12 月 31 日）

3.2.3　试点碳市场减排成效

经过多年的实践，区域碳市场减排成效初显，碳市场范围内的碳排放总量和强度保持双降趋势。例如，深圳碳市场管控企业在 2013—2019 年减排绝对总量超过 640 万吨，制造业管控企业碳强度下降 39%，远超全市制造业碳强度平均下降水平。与此同时，制造业管控企业增加值增长 67.1%，年均增速达 8.9%，加快了企业"碳绩效"的有效提升，初步实现了经济发展和碳排放增长脱钩。与 2014 年相比，湖北碳市场纳入企业

2015 年、2016 年、2017 年的碳排放量分别下降了 3.14%、6.05%、2.59%，完成了控制温室气体排放的目标。上海试点 2019 年电力热力行业、石化化工行业、钢铁行业碳排放权交易企业碳排放量分别下降了 8.7%、12.6% 和 14%。北京市 2020 年碳市场覆盖企业的碳强度比 2015 年下降了 23% 以上，超额完成了"十三五"规划目标。广东碳市场自 2013 年运行以来，已有超过 80% 的控排企业实施了节能减碳技术改造项目，超过 60% 的控排企业实现了单位产品碳强度下降，其中，电力、水泥、钢铁、造纸、民航行业单位产品碳排放量分别下降了 11.8%、7.1%、12.7%、15.9%、5.4%，广东省实施碳排放权交易使控排行业 CO_2 排放量额外减少了 10%。

此外，由于碳排放管理直接影响企业的盈利、投资和现金流，随着碳市场工作的持续推进，越来越多的企业通过参与碳排放权交易提高了减碳意识，节能减排成了企业的自觉行为。实践证明，制度合理、市场有效、监管有力的碳市场不仅可以减少管控企业温室气体排放，还可以推动经济增长。

3.2.4 试点建设经验

经过近十年大量细致的探索性工作，碳排放权交易试点为全国碳市场的建设营造了良好的舆论环境，提升了企业和公众实施碳管理、参与碳排放权交易的理念和行动能力，锻炼培养了人才队伍，推动形成了碳管理产业，更重要的是逐渐摸索出了建设有中国特色的碳排放权交易体系的模式和路径，为设计、建设、运行管理切实可行且行之有效的全国碳市场提供了宝贵经验。

1. 建立了企业碳排放核查体系

各个试点投入力量开发了分行业温室气体排放核算方法、报告指南或地方标准，建立了电子报送系统和核查机构管理制度。各试点地区规定对企业的排放报告进行第三方核查。对第三方核查机构 / 核查员的准入设立标准，实行备案和监管，以确保排放数据的真实可靠。自 2013 年起，近 3 000 家企业连年的碳排放数据揭示了企业和行业的碳排放状况与趋势，为制定应对气候变化决策和减排政策提供了有力的支撑。

2. 建立了针对强度控制的配额分配体系

各省市试点碳市场确定配额总量时均综合考虑了"十二五"期间碳排放强度下降和能耗下降目标，将强度目标转化为行业碳排放量控制目标，部分试点还进一步考虑了优先发展行业和淘汰落后产业的安排、国家及省产业政策与行业发展规划、产业结构改变对碳排放的影响等行业和产业因素，采用自上而下和自下而上相结合的方法来最终确定配额的总量，建立了以强度控制为目标的配额分配制度。

3. 建立了以自愿减排交易为主的抵消机制

各试点地区在碳排放权交易体系设计中均引入了抵消机制，即允许企业购买项目级的减排信用来抵扣其排放量。但作为配额碳市场的补充，如果抵消信用过量供给，将严重冲击配额碳市场价格，因此各地区需要从项目所在地、项目类型、签发时间、抵消信用使用比例等方面对抵消机制的使用进行严格限制。

4. 培养了专业人员和服务市场

通过参与试点碳排放权交易体系的建设和运行，一批市场参与主体（包括主管部门、重点排放单位、第三方核查机构、交易所和交易机构等）的减排意识和减排能力得到了极大的提高，同时培养了一批了解碳市场相关政策、掌握碳市场交易规则、熟悉企业碳资产管理工作的专业人员，这些机构和专业人员在全国碳排放权交易体系的建设中积极帮助非试点地区进行能力建设，起到了种子的作用。

3.3 全国碳市场核心要素设计

2013 年，党的十八届三中全会通过了《中共中央关于全面深化改革若干重大问题的决定》，建设全国碳市场成为全面深化改革的重点任务之一，标志着全国碳市场设计工作正式启动。在国家发展改革委的组织和指导下，国家气候战略中心借鉴试点碳市场建设经验，开始进行全国碳市场制度的顶层设计和建设。世界银行"市场准备伙伴计划"项目是支持全国碳市场制度顶层设计的最主要项目，研究内容包括覆盖范围、总量设定、配额分配，管理办法、监管机制，MRV，注册登记系统，央企及重点行业企业如何参与碳排放权交易等内容。

2017 年 12 月 18 日，国家发展改革委公布了《全国碳排放交易市场建设方案（发电行业）》，将全国碳市场建设分为基础建设期、模拟运行期、深化完善期三个阶段。

> » **基础建设期**。用一年左右的时间，完成全国统一的数据报送系统、注册登记系统和交易系统建设；深入开展能力建设，提升各类主体的参与能力和管理水平；开展碳市场管理制度建设。

> » **模拟运行期**。用一年左右的时间，开展发电行业配额模拟交易，全面检验市场各要素环节的有效性和可靠性，强化市场风险预警与防控机制，完善碳市场管理制度和支撑体系。

> » **深化完善期**。在发电行业交易主体间开展配额现货交易。交易仅以履约（履行减排义务）为目的，履约部分的配额予以注销，剩余配额可跨履约期转让、交易。在发电行业碳市场稳定运行的前提下，逐步扩大市场覆盖范围，丰富交易品种和交易方式。创造条件，尽早将 CCER 纳入全国碳市场。

国务院碳排放权交易主管部门及其主要支撑机构由国家发展改革委转隶至生态环境部后，全国碳市场建设和生态文明工作进一步融合。生态环境部仍按照《全国碳排放权交易市场建设方案（发电行业）》开展碳市场建设工作，但由于机构调整、新冠肺炎疫情防控等原因，碳市场建设工作有所延缓。

在我国于 2020 年 9 月 22 日提出"双碳"目标后，生态环境部于 2021 年 1 月发布了《碳排放权交易管理办法（试行）》，全国碳市场的第一个履约周期从 2021 年 2 月 1 日开始，到同年 12 月 31 日截止。2021 年 7 月 16 日，全国碳市场正式开始交易，首日交易配额 420 万吨，交易额 2.1 亿元，全国碳市场迎来开门红。至此，全国碳市场开始进入深化完善期。

结合第 2 章介绍的碳排放权交易体系核心要素，本节将为读者解读全国碳市场核心要素的设计，方便读者对全国碳市场形成系统认识。

3.3.1 全国碳排放权交易政策体系

我国碳排放权交易政策体系分为顶层设计文件、配套细则与技术规范三部分。顶层设计文件主要解决政府及参与主体在权利、责任和义务方面的法律问题；配套细则主要从各个要素层面解决碳排放权交易相关方的法律问题；技术规范则规定了相关方参与碳排放权交易的行为标准与规范。全国碳排放权交易政策体系涉及的法律法规及系统支持如图 3-8 所示。

1. 顶层设计文件

碳市场的顶层设计文件为生态环境部发布的《全国碳排放权交易管理办法（试行）》，未来将被《碳排放权交易管理暂行条例》取代。

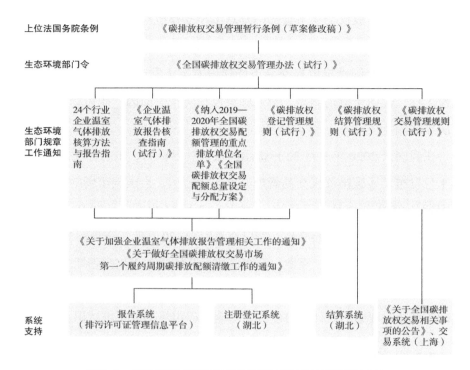

图3-8　全国碳排放权交易政策体系涉及的法律法规及系统支持

　　我国自2010年开始推动制定《中华人民共和国应对气候变化法》，虽然经过多次修订，至今尚未正式通过。缺乏应对气候变化的上位法，就难以在全国人大层面就碳排放权交易正式立法。但是，建设全国碳市场作为我国应对气候变化和生态文明的重要抓手，在国家的多项顶层政策中都有所体现。例如，《中华人民共和国国民经济和社会发展第十二个五年规划纲要》提出"逐步建立碳排放权交易市场"；《中华人民共和国国民经济和社会发展第十三个五年规划纲要》提出建立健全用能权、用水权、碳排放权初始分配制度，创新有偿使用、预算管理、投融资机制，培育和发展交易市场；《中华人民共和国国民经济和社会发展第十四个五年规划和2035年远景目标纲要》提出推进排污权、用能权、用水权、碳排放权市场化交易。这些顶层规划将碳排放权交易纳入了国民经济发展的长期规划。

此外，中共中央和国务院在 2015 年印发的《生态文明体制改革总体方案》和 2021 年印发的《关于建立健全生态产品价值实现机制的意见》均提出要建设全国碳市场，通过碳排放权等生态权益的市场化交易推动生态文明建设。中国人民银行、环境保护部等七部委 2016 年联合发布了《关于构建绿色金融体系的指导意见》，提出"促进建立全国统一的碳排放权交易市场和有国际影响力的碳定价中心。有序发展碳远期、碳掉期、碳期权、碳租赁、碳债券、碳资产证券化和碳基金等碳金融产品和衍生工具，探索研究碳排放权期货交易"。以上政策对全国碳市场的建设运行有着重要的指导作用。

2013 年，党的十八届三中全会通过了《中共中央关于全面深化改革若干重大问题的决定》，标志着全国碳市场设计工作正式启动。为确保全国碳市场的实际运行管理具有强有力的法律支撑，国家发展改革委在广泛征求各界意见后，于 2016 年向国务院提交了《碳排放权交易管理条例（送审稿）》，希望由国务院发布，作为碳市场的顶层法规。但直到 2018 年应对气候变化职能转隶至生态环境部，该条例都未能通过。在转隶后，生态环境部结合生态文明建设的要求以及碳达峰碳中和的新形势，继续推进该条例的出台，分别于 2019 年 4 月和 2021 年 3 月公开征求意见，并与国务院相关部门沟通协调，尽快推动国务院条例的出台。

在条例出台前，为指导全国碳市场的建设运行，主管部门以部门法规的方式出台了碳市场顶层设计文件。国家发展改革委于 2014 年 12 月 26 日颁布了《碳排放权交易管理暂行办法》，明确了全国统一碳排放权交易市场的基本框架，指导后续全国碳市场建设。在应对气候变化职能转隶后，生态环境部根据新形势对原管理办法进行了修订，2021 年 1 月公布了《全国碳排放权交易管理办法（试行）》，同年 2 月正式生效，成为碳市场现行实际指导文件。

国务院条例的出台对规范全国碳市场有着重要的意义。一是碳排放权交易涉及对能源和工业部门碳排放的限制，需要国务院统筹各行业主管部门配合制定行业的配额总量和分配方案，以及对交易行为进行监管。二是国务院通过条例授权生态环境部，对碳市场违规行为处以比一般行政处罚力度更大的惩罚，加强碳市场对企业的约束。

2. 配套细则与技术规范

针对碳市场的各项具体工作，生态环境部出台了相关细则、工作通知、技术规范予以规定，包括政府管理办法、行业技术指南、政府工作通知、支撑机构工作说明等。

第一，在数据监测、报告、核查方面，国家发展改革委于2013—2015年分三批先后公布了24个行业企业温室气体排放核算方法与报告指南（以下简称核算指南），这些核算指南为全国碳排放权交易市场提供了数据核算方面的统一技术标准。生态环境部2021年3月印发了《企业温室气体排放报告核查指南（试行）》，对第三方核查工作进行了规定。随着报告核查工作的不断完善，主管部门在每年要求企业开展碳排放数据报告核查时，也会在附件中对部分技术内容进行调整更新，本书截稿时，最新要求为生态环境部2021年3月发布的《关于加强企业温室气体排放报告管理相关工作的通知》。

第二，在覆盖范围方面，企业按照年度数据报告核查工作通知的要求确定自己是否需要报告碳排放数据并开展核查。生态环境部于2020年12月29日印发了《纳入2019—2020年全国碳排放权交易配额管理的重点排放单位名单》，明确了纳入2019—2020年全国碳排放权交易配额管理的企业。

第三，在配额总量设定、分配和履约方面，国家发展改革委2016年发布了《全国碳排放权交易配额总量设定与分配方案》，为后续的配额分配方法制定提供了指导。在碳市场正式启动后，2019—2020 年度配额分配按照生态环境部 2020 年 12 月 29 日印发的《2019—2020 年全国碳排放权交易配额总量设定与分配实施方案（发电行业）》执行。2021 年 10 月 23 日，生态环境部印发了《关于做好全国碳排放权交易市场第一个履约周期碳排放配额清缴工作的通知》，明确了首个履约期的最后期限和工作要求。

注册登记系统是配额管理的工具，生态环境部 2021 年 5 月 14 日发布了《碳排放权登记管理规则（试行）》，对注册登记系统的建设运行提供指导，牵头承建注册登记系统的湖北碳排放权交易中心也编写了注册登记系统的操作手册和使用指南。

第四，在交易结算方面，生态环境部 2021 年 5 月 14 日发布了《碳排放权交易管理规则（试行）》，明确了主管部门、交易所、控排企业、其他交易参与者等各相关方的权责。上海环境能源交易所牵头承建全国碳排放权交易平台，发布了《关于全国碳排放权交易相关事项的公告》，明确了交易的具体组织方式，并编写了交易系统的操作手册和使用指南。生态环境部 2021 年 5 月 14 日发布了《碳排放权结算管理规则（试行）》，指导湖北碳排放权交易中心牵头建设运行碳排放权结算系统。

3.3.2　全国碳市场覆盖范围

全国碳市场覆盖范围将秉持"抓大放小，先易后难"的原则。初期先纳入碳排放量大、数据基础好的行业，纳入门槛设置稍高，以充分调动大型企业的积极性，发挥其在碳市场建设中的引领作用。通过建立碳排放权交易主管部门与大型企业及其管理部门之间的互动管理机制，可以更好地利用大型企业的资金、技术和管理等优势进行推广。同时，不断加强未纳入行业企业的数据基础建设，分批扩大碳市场覆盖范围，有计划地将未纳入履约的企业纳入报告范围。后期随着碳市场运行的成熟和碳排放报告数据的积累，可以遵循"成熟一个，纳入一个"的原则，分阶段逐步扩大管控范围，并适当降低纳入门槛，增加碳市场参与主体数量，助力实现更大范围的低成本减排。

我国能源管理习惯以年综合能耗 1 万吨标准煤作为重点能耗管理企业的门槛，在我国能源消费结构下，1 万吨标准煤约等于 2.6 万吨 CO_2，这也成为全国碳市场的纳入门槛，体现了我国碳排放控制和能源消费控制一脉相承的关系。

根据生态环境部 2021 年 3 月发布的《关于加强企业温室气体排放报告管理相关工作的通知》，发电、石化、化工、建材、钢铁、有色、造纸、航空等重点排放行业 2013—2020 年任一年度温室气体排放量达 2.6 万吨 CO_2 当量（综合能源消费量约 1 万吨标准煤）及以上的企业或其他经济组织（以下简称重点排放单位），均需报告经过核查的温室气体排放量。如果 2018 年以来连续两年温室气体排放量未达到 2.6 万吨 CO_2 当量，或者因停业、关闭或其他原因不再从事生产经营活动，因而不再排放温室气体的，不纳入数据报告核查工作范围。全国碳市场碳排放报告覆盖行业及代码如表 3-2 所示。据统计，符合以上标准的企业数量超过 7 000 家，年碳排放量达 60 亿~ 70 亿吨，占我国能源消费碳排放量比例超过 60%。

表 3-2　全国碳市场碳排放报告覆盖行业及代码

行业	代码（GB/T 4754—2017）	类别名称	主营产品统计代码	行业子类
发电	44	电力、热力生产和供应业		
	4411	火力发电		
	4412	热电联产		
	4417	生物质发电 [1]		

续表

行业	代码 （GB/T 4754—2017）	类别名称	主营产品 统计代码	行业子类
建材	30	非金属矿物制品业	31	非金属矿物制品
	3011	水泥制造	310101	水泥熟料
	3041	平板玻璃制造	311101	平板玻璃
钢铁	31	黑色金属冶炼和压延加工业	32	黑色金属冶炼及压延产品
	3110	炼铁	3201	生铁
	3120	炼钢	3206	粗钢
	3130	钢压延加工	3207 3208	轧制、锻造钢坯 钢材
有色	32	有色金属冶炼和压延加工业	33	有色金属冶炼和压延加工产品
	3211	铜冶炼	3311	铜
	3216	铝冶炼	3316039900	电解铝
石化	25	石油、煤炭及其他燃料加工业	25	石油加工、炼焦及核燃料
	2511	原油加工及石油制品制造	2501	原油加工
化工	26	化学原料和化学制品制造业	26	化学原料及化学制品
	261	基础化学原料制造		
			2601	无机基础化学原料
	2611	无机酸制造	260101	无机酸类
			2601010201	硝酸
	2612	无机碱制造	260105 260106 260107	烧碱 纯碱类 金属氢氧化物
	2613	无机盐制造	260108～260122	其他无机基础化学原料
			2601220101	电石

续表

行业	代码（GB/T 4754—2017）	类别名称	主营产品统计代码	行业子类
化工	2614	有机化学原料制造	2602	有机化学原料
			2602010201	乙烯[2]
			2602061700	二氟一氯甲烷
	2619	其他基础化学原料制造		
			260209	无环醇及其衍生物
			2602090101	甲醇
	262	肥料制造	2604	化学肥料
			260401	氨及氨水
	2621	氮肥制造	260411	氮肥（折氮100%）
	2622	磷肥制造	260412	磷肥（折五氧化二磷100%）
	2623	钾肥制造	260413	钾肥（折氯化钾100%）
	2624	复混肥料制造	260422	复合肥、复混合肥
	2625	有机肥料及微生物肥料制造	2605	有机肥料及微生物肥料
	2629	其他肥料制造		
	263	农药制造		
	2631	化学农药制造	2606	化学农药
	2632	生物化学农药及微生物农药制造	2607	生物农药及微生物农药
	265	合成材料制造	2613	合成材料
	2651	初级形态塑料及合成树脂制造	261301	初级形态塑料
	2652	合成橡胶制造	261302	合成橡胶
	2653	合成纤维单（聚合）体制造	261303 261304	合成纤维单体 合成纤维聚合物
	2659	其他合成材料制造	2613	2613中其他类

续表

行业	代码（GB/T 4754—2017）	类别名称	主营产品统计代码	行业子类
造纸	22	造纸和纸制品业	22	纸及纸制品
	2211	木竹浆制造	2201	纸浆
	2212	非木竹浆制造	2201	纸浆
	2221	机制纸及纸板制造	2202	机制纸和纸板
民航	56	航空运输业	55	航空运输服务
	5611	航空旅客运输	550101	航空旅客运输服务
	5612	航空货物运输	550102	航空货物运输服务
	5631	机场	550301	机场服务

注：1. 掺烧化石燃料燃烧的生物质发电企业需报送，纯使用生物质发电的企业不需报送。
2. 乙烯生产企业的温室气体排放数据核算和报告应按照《中国石油化工企业温室气体排放核算方法和报告指南（试行）》中的要求执行。

与国际碳排放权交易普遍只管控直接排放不一样，我国各碳排放权交易试点及全国碳市场均将间接排放纳入了交易机制中的碳排放核算和管控体系，原因在于我国电力市场价格主要由政府主导，电力市场化改革尚未完成，被纳入碳市场的电力行业无法把成本转移至下游用电企业。因此，将企业用电的间接排放计入其实际排放，有助于从消费端进行减排。

在八大行业中，生态环境部选择了发电行业作为首批开展配额分配、交易及配额清缴的行业，包括纯凝发电机组和热电联产机组，工业行业的自备电厂参照执行，不具备发电能力的纯供热设施不在范围之内。生态环境部在《纳入 2019—2020 年全国碳排放权交易配额管理的重点排放单位名单》中纳入了 2 225 家企业，这些企业的地区分布如图 3-9 所示。由于有些企业存在关停并转等情况，多家媒体在交易启动后报道参与首次配额清缴的发电企业（含自备电厂）共 2 162 家。

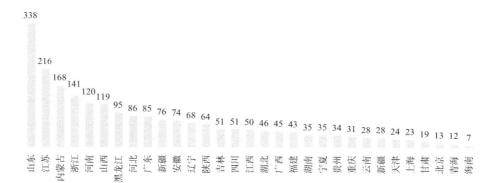

图 3-9　全国碳市场发电企业地区分布（单位：家）

纳入 2019—2020 年配额管理的发电机组（以下简称机组）包括功率 300MW 等级以上常规燃煤机组，功率 300MW 等级及以下常规燃煤机组，燃煤矸石、煤泥、水煤浆等非常规燃煤机组（含燃煤循环流化床机组），以及燃气机组四个类别（见表 3-3）。对于使用非自产可燃性气体等燃料（包括完整履约年度内混烧自产二次能源热量占比不超过 10% 的情况）生产电力（包括热电联产）的机组、完整履约年度内掺烧生物质（含垃圾、污泥等）热量年均占比不超过 10% 的生产电力（包括热电联产）机组，其机组类别按照主要燃料确定。对于纯生物质发电机组、特殊燃料发电机组、使用自产资源发电机组、满足本方案要求的掺烧发电机组及其他特殊发电机组，暂不纳入 2019—2020 年配额管理（见表 3-4）。

表 3-3　纳入 2019—2020 年配额管理的机组判定标准

机组分类	判定标准
300MW 等级以上常规燃煤机组	以烟煤、褐煤、无烟煤等常规电煤为主体燃料且额定功率不低于 400MW 的发电机组
300MW 等级及以下常规燃煤机组	以烟煤、褐煤、无烟煤等常规电煤为主体燃料且额定功率低于 400MW 的发电机组
燃煤矸石、煤泥、水煤浆等非常规燃煤机组（含燃煤循环流化床机组）	以煤矸石、煤泥、水煤浆等非常规电煤为主体燃料（完整履约年度内，非常规燃料热量年均占比应超过 50%）的发电机组（含燃煤循环流化床机组）

续表

机组分类	判定标准
燃气机组	以天然气为主体燃料（完整履约年度内，其他掺烧燃料热量年均占比不超过 10%）的发电机组

注：1. 合并填报机组按照最不利原则判定机组类别。
　　2. 完整履约年度内，掺烧生物质（含垃圾、污泥等）热量年均占比不超过 10% 的化石燃料机组，按照主体燃料判定机组类别。
　　3. 完整履约年度内，混烧化石燃料（包括混烧自产二次能源热量年均占比不超过 10%）的发电机组，按照主体燃料判定机组类别。

表 3-4　暂不纳入 2019—2020 年配额管理的机组判定标准

机组分类	判定标准
生物质发电机组	纯生物质发电机组（含垃圾、污泥焚烧发电机组）
掺烧发电机组	生物质掺烧化石燃料机组：完整履约年度内，掺烧化石燃料且生物质（含垃圾、污泥）燃料热量年均占比高于 50% 的发电机组（含垃圾、污泥焚烧发电机组）； 化石燃料掺烧生物质（含垃圾、污泥）机组：完整履约年度内，掺烧生物质（含垃圾、污泥等）热量年均占比超过 10% 且不高于 50% 的化石燃料机组； 化石燃料掺烧自产二次能源机组：完整履约年度内，混烧自产二次能源热量年均占比超过 10% 的化石燃料燃烧发电机组
特殊燃料发电机组	仅使用煤层气（煤矿瓦斯）、兰炭尾气、炭黑尾气、焦炉煤气（荒煤气）、高炉煤气、转炉煤气、石油伴生气、油页岩、油砂、可燃冰等特殊化石燃料的发电机组
使用自产资源发电机组	仅使用自产废气、尾气、煤气的发电机组
其他特殊发电机组	燃煤锅炉改造形成的燃气机组（直接改为燃气轮机的情形除外）；燃油机组、整体煤气化联合循环发电（IGCC）机组、内燃机组

　　虽然在管理上是以企业法人为单位进行配额分配、交易和清缴，但实际上管控对象为重点排放单位拥有的发电机组产生的 CO_2 排放，包括化石燃料消费产生的直接 CO_2 排放和净购入电力所产生的间接 CO_2 排放。企业自身发生的其他排放，如办公区、生活区、原料运输等排放并不纳入碳市场管理。

　　发电行业之所以被选为首个要求配额分配、交易及配额清缴的行业，有以下几个原因。

一是总体和单体排放量大，管理成本较低。根据人民日报的报道，全国碳市场纳入电力行业，覆盖约 45 亿吨碳排放量，占我国能源消费碳排放量的比例超过 40%，就覆盖碳排放量的规模而言，远超全球排名第二的欧盟碳市场（年碳排放量约为 16 亿吨），足以支撑起一个交易活跃的市场。同时，单个排放单位年度碳排放量往往在百万吨级别，单位碳排放量的管理成本和交易成本很低，更能提升碳市场的管理和运行效率。

二是发电行业数据质量高。与其他工业行业相比，我国电力行业的能源管理更加严格，普遍建立了完善的能源消费数据统计制度，数据基础良好。在此基础上，建立碳排放数据统计核算体系所付出的额外成本较低，数据质量也更高，能够支持主管部门科学合理地设计碳市场制度。

三是发电行业产品技术单一可比，便于设计行业基准线。根据第 2 章的分析，碳市场启动时往往以免费分配为主，后续逐步过渡到有偿分配。在各种免费分配的方法中，基准线法最能奖励减排行为，在行业数据可以支持的前提下，基准线法是理想的选择。发电行业产品单一，为同质的电力和热力，技术路线也相似可比，加上较高的数据质量，天然适合采用基准线法进行配额分配。

四是发电行业参与碳排放权交易能力较强，便于政府管理。我国发电行业以集团化管理为主，拥有更充足的资源组织专门团队开展碳排放管理。发电行业从 2005 年开始参与 CDM 交易，也参加了 2013 年以来的试点碳排放权交易，对碳减排、碳排放权交易的认识更加深刻，拥有丰富的实践经验。发电行业以国企、央企为主，积极落实我国"双碳"政策，政府更容易动员企业参与碳市场，管理成本更低。

在纳入电力作为首个实际交易履约行业的基础上，其他行业也积极提高数据质量，研究制定行业基准，加强能力建设，在条件成熟时逐步纳入全国碳市场。

3.3.3 全国碳市场配额总量的制定

在现阶段，经济快速增长的发展中国家往往很难设定出绝对量化的碳减排目标。因此，我国碳市场在综合考虑经济发展要求和温室气体控排目标的基础上，与企业历史排放数据相结合，采用自下而上的方法，并遵循"适度从紧"和"循序渐进"的原则设定碳市场总量。

根据国家发展改革委 2016 年发布的《全国碳排放权交易配额总量设定与分配方案》，碳排放配额总量是纳入全国碳市场企业的排放上限，主要由碳市场覆盖范围、经济增长预期和控制温室气体排放目标等因素共同决定。具体设定方式按照自下而上的方法，由各省级碳排放权交易主管部门按照统一配额分配方法分别核算出所辖区域内重点排放单位的配额数量，加总形成各省级碳排放权交易主管部门所辖区域内的配额总量，各省级碳排放权交易主管部门核算配额加总作为形成全国碳排放权交易配额总量的主要依据。

生态环境部 2020 年 12 月发布的《2019—2020 年全国碳排放权交易配额总量设定与分配实施方案（发电行业）》具体细化了总量设定方法。省级生态环境主管部门根据本辖区内重点排放单位 2019—2020 年的实际产出量及该方案确定的配额分配方法和碳排放基准值，核定各重点排放单位的配额数量。将核定后的本辖区内各重点排放单位配额数量进行加总，形成省级行政区域配额总量。将各省级行政区域配额总量加总，最终确定全国配额总量。

3.3.4　全国碳市场配额分配方法及流程

在配额分配方面，主管部门委托清华大学总体负责全国统一碳市场配额分配方案，同时加强和各行业协会及主要央企、国企的沟通，确保方案的科学性和可操作性。2017 年 5 月，全国碳排放权交易市场碳配额分配试算工作培训会公开了全国碳市场的配额分配方案中电力、水泥和电解铝行业配额分配方案的讨论稿，配额分配的总体思路为基于实际产出的基准线法。根据反馈和更新后的企业年度核查数据，生态环境部在 2019 年公布了《2019 年发电行业重点排放单位（含自备电厂、热电联产）二氧化碳排放配额分配实施方案（试算版）》，并征求行业意见。2020 年 8 月，生态环境部再次更新配额分配试算方案，并在 2020 年 12 月发布了《2019—2020 年全国碳排放权交易配额总量设定与分配实施方案（发电行业）》，最终明确了发电行业的配额分配方法。

1. 以实物产出量为基础的碳排放强度控制

如前所述，我国采用自下而上的方式，先确定行业分配方法，再确定市场配额总量。针对具体行业，政府只控制单位产品的碳排放强度，不事先限制企业的实际产量和总排放量。

根据国家发展改革委 2016 年发布的《全国碳排放权交易配额总量设定与分配方案》，全国碳市场在启动初期，将采用基准线法和历史强度法免费分配配额。之后适时引入有偿分配，待市场机制完善后提升有偿分配的比例。

基准线法的计算公式为：

$$单位配额 = 行业基准 \times 实物产出量$$

» 行业基准是指每个行业单位实物产出 CO_2 排放的先进值，具体由国家主管部门根据企业历史碳排放盘查数据，结合纳入碳排放权交易的行业单位碳排放的产出水平的变化趋势及产业发展情况等因素统一确定。

> » 实物产出量依据企业当年实际数据确定。

历史强度法的计算公式为：

$$单位配额 = 历史强度值 \times 减排系数 \times 实物产出量$$

> » 历史强度值是为了某些行业的配额分配需要，根据国家主管部门的要求，经过核查的若干历史年份的重点排放单位或其主要设施的单位实物产出（活动水平）导致的 CO_2 排放量。

> » 减排系数是每个行业的减排力度，具体由国家主管部门根据企业历史碳排放盘查数据，结合纳入碳排放权交易的行业单位碳排放产出水平变化趋势和产业发展情况等因素统一确定。

> » 实物产出量依据企业当年实际数据确定。

其他方法：

> » 对不适用基准线法和历史强度法的重点排放单位采用其他方法进行免费配额分配。

需要注意的是，此方案并未明确具体行业的配额分配方法，仅提出相关原则对后续研究工作进行指导。唯一明确的是，在采取基准线法或历史强度法进行分配时，采用的实物产出量为企业当年的实际产出量。这意味着碳市场并不限制企业的产量，仅针对企业单位产品的排放强度提出减排要求，产量越高，配额总量就越多。只要企业排放强度低于国家基准线要求，或者低于历史强度下降率要求，产量越高，剩余配额就越多。这和我国尚未实现碳达峰、碳排放主要以强度控制的现状相匹配。

2. 2019—2020 年发电行业配额分配

在《全国碳排放权交易配额总量设定与分配方案》的基础上，主管部门研究制定了发电行业配额分配方案和技术指南。2019 年 10—12 月，生态环境部在全国 15 个地市举办了 17 场碳市场配额分配和管理系列培训班，为全国碳市场发电行业的配额分配方案做好数据收集、分析等基础工作，为发电行业配额分配方案的出台奠定了坚实的基础。

根据《2019—2020 年全国碳排放权交易配额总量设定与分配实施方案（发电行业）》，全国碳市场 2019—2020 年对发电行业采用基准线法。每个机组根据其供电量和供热量分别计算配额，加总则为该机组配额。重点排放单位如果拥有超过 1 个机组，则将各机组配额加总，即为重点排放单位在注册登记系统中的配额量。

（1）燃煤机组配额分配的计算公式

燃煤机组配额分配的计算公式为：

$$A = A_e + A_h$$

式中：

A——机组 CO_2 配额总量（tCO_2）；

A_e——机组供电 CO_2 配额量（tCO_2）；

A_h——机组供热 CO_2 配额量（tCO_2）。

机组供电 CO_2 配额量 A_e 的计算公式为：

$$A_e = Q_e \times B_e \times F_l \times F_r \times F_f$$

式中：

Q_e——机组供电量（MWh）；

B_e——机组所属类别的供电基准值（tCO_2/MWh）；

F_l——机组冷却方式修正系数，如果凝汽器的冷却方式是水冷，则机组冷却方式修正系数为 1，如果凝汽器的冷却方式是空冷，则机组冷却方式修正系数为 1.05；

F_r——机组供热量修正系数，燃煤机组供热量修正系数为 1-0.22×供热比；

F_f——机组负荷（出力）系数修正系数。

参考《常规燃煤发电机组单位产品能源消耗限额》（GB 21258—2017）

的做法，常规燃煤纯凝发电机组负荷（出力）系数修正系数按照表 3-5 选取，其他类别机组负荷（出力）系数修正系数为 1。

表 3-5　常规燃煤纯凝发电机组负荷（出力）系数修正系数

统计期机组负荷（出力）系数	修正系数
$F \geqslant 85\%$	1.0
$80\% \leqslant F < 85\%$	$1 + 0.0014 \times （85-100F）$
$75\% \leqslant F < 80\%$	$1.007 + 0.0016 \times （80-100F）$
$F < 75\%$	$1.015^{（16-20F）}$

注：F 为机组负荷（出力）系数，单位为 %

机组供热 CO_2 配额量 A_h 的计算公式为：

$$A_h = Q_h \times B_h$$

式中：

Q_h——机组供热量（GJ）；

B_h——机组所属类别的供热基准值（tCO_2/GJ）。

2019—2020 年燃煤机组碳排放基准值如表 3-6 所示。

表 3-6　2019—2020 年燃煤机组碳排放基准值

机组类别	供电基准值（tCO_2/MWh）	供热基准值（tCO_2/GJ）
300MW 等级以上常规燃煤机组	0.877	
300MW 等级及以下常规燃煤机组	0.979	0.126
燃煤矸石、水煤浆等非常规燃煤机组（含燃煤循环流化床机组）	1.146	

（2）燃气机组配额分配的计算公式

燃气机组配额分配的计算公式为：

$$A = A_e + A_h$$

式中：

A——机组 CO_2 配额总量（tCO_2）；

A_e——机组供电 CO_2 配额量（tCO_2）；

A_h——机组供热 CO_2 配额量（tCO_2）。

机组供电 CO_2 配额量 A_e 的计算公式为：

$$A_e = Q_e \times B_e \times F_r$$

式中：

Q_e——机组供电量（MWh）；

B_e——机组所属类别的供电基准值（tCO_2/MWh）；

F_r——机组供热量修正系数，燃气机组供热量修正系数为 $1-0.6\times$ 供热比。

机组供热 CO_2 配额量 A_h 的计算公式为：

$$A_h = Q_h \times B_h$$

式中：

Q_h——机组供热量（GJ）；

B_h——机组所属类别的供热基准值（tCO_2/GJ）。

2019—2020 年燃气机组碳排放基准值如表 3-7 所示。

表 3-7　2019—2020 年燃气机组碳排放基准值

机组类别	供电基准值 （tCO_2/MWh）	供热基准值 （tCO_2/GJ）
燃气机组	0.392	0.059

（3）配额分配及履约流程

由于我国配额分配基于重点排放单位的实际产出量，因此最终核定配额必须在完成上一年度碳排放核查之后。但这一做法的问题就是碳市场管控的是上一年度已经结束的碳排放量，碳市场配额分配未能起到引导减排的作用。在实践中，完成核查后往往已经到了 5 月，留给交易履约的时间也较短。

因此，我国碳排放权交易试点创造性地形成了"预分配—核查—配额调整—配额清缴"流程，在每年下半年（8—12 月）公布当年的配额分配方案，并使用上一年的产量计算配额，乘以一个小于 1 的系数预分配至重点排放单位账户，重点排放单位可以安排当年生产的减排并拥有充足的交易时间。在下一年度核查完成后（4—5 月），政府依据重点排放单位实际产出量计算最终配额数量，并与重点排放单位预分配数量进行对比，多退少补，完成配额调整。由于预分配时乘以小于 1 的系数，如果重点排放单位实际产出量没有大幅降低，大部分情况下都是向重点排放单位补发配额。企业完成最终配额调整后，向政府清缴配额，完成履约（6—7 月），如图 3-10 所示。

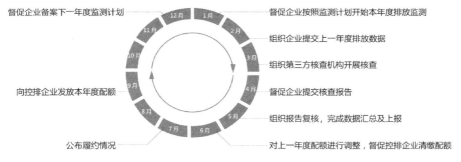

图 3-10　试点碳市场配额分配及履约流程（时间节点以各地实际为准）

虽然预分配数量普遍不足，但由于当前以免费分配为主，因此企业缺口不大，预分配配额足以支持碳市场的运转。对积极参与碳市场的企业来说，可以预测自身排放和免费配额，拥有大半年的交易时间，执行更灵活的交易策略，降低交易成本。因此，预分配和配额调整制度是更符合碳市场实际情况的制度安排。

全国碳市场配额分配及履约流程借鉴了试点经验，根据《关于加强企业温室气体排放报告管理相关工作的通知》，具体流程如下（以 2021 年为例）。

» 2021 年上半年，各省级主管部门按本省重点排放单位机组 2018 年度供电量和供热量的 70%，按照机组类型代入对应公式参数，计算得到机组供电预分配的配额量，上报生态环境部。生态环境部确认后，分配至注册登记系统中重点排放单位的账户。重点排放单位 2021 年 7 月开市后，即可交易预分配的配额。

» 2021 年上半年，完成发电行业重点排放单位 2020 年度碳排放数据报告核查工作（2019 年度碳排放数据报告核查工作已于 2020 年下半年完成）。各省级主管部门根据核查结果，计算本省重点排放单位 2019 年度、2020 年度实际配额量，上报生态环境部。

» 2021 年 9 月 30 日前，生态环境部完成发电行业重点排放单位 2019—2020 年度的配额核定工作。

» 2021 年 12 月 31 日前，完成配额的清缴履约工作。

（4）特殊情况处理

纳入全国碳市场配额管理的重点排放单位发生合并、分立、关停或迁出其生产经营场所所在省级行政区域的，应在做出决议之日起 30 日内报其生产经营场所所在地省级生态环境主管部门核定。省级生态环境主管部门应根据实际情况，对其已获得的免费配额进行调整，向生态环境部报告并向社会公布相关情况。配额变更的申请条件和核定方法如下。

◎ **重点排放单位合并**

重点排放单位之间合并的，由合并后存续或新设的重点排放单位承继配额，并履行清缴义务。合并后的碳排放边界为重点排放单位在合并前各自碳排放边界之和。

重点排放单位和未纳入配额管理的经济组织合并的，由合并后存续或新设的重点排放单位承继配额，并履行清缴义务。2019—2020 年的碳排放边界仍以重点排放单位合并前的碳排放边界为准，2020 年后对碳排放边界进行重新核定。

◎ **重点排放单位分立**

重点排放单位分立的，应当明确分立后各重点排放单位的碳排放边界及配额量，并报其生产经营场所所在地省级生态环境主管部门确定。分立后的重点排放单位按照本方案获得相应配额，并履行各自的清缴义务。

◎ **重点排放单位关停或搬迁**

重点排放单位关停或迁出原所在省级行政区域的，应在做出决议之日起 30 日内报告迁出地及迁入地省级生态环境主管部门。关停或迁出前一年度产生的 CO_2 排放，由关停单位所在地或迁出地省级生态环境主管部门开展核查、配额分配、交易及履约管理工作。

如重点排放单位关停或迁出后不再存续，2019—2020 年剩余配额由其生产经营场所所在地省级生态环境主管部门收回，2020 年后不再对其发放配额。

◎ **不予发放及收回免费配额的情形**

重点排放单位的机组有以下情形之一的，不予发放配额，已经发放配额的重点排放单位经核查后有以下情形之一的，按规定收回相关配额：违反国家和所在省（区、市）有关规定建设的；根据国家和所在省（区、市）有关文件要求应关未关的；未依法申领排污许可证，或者未如期提交排污许可证执行报告的。这体现了配额分配政策和其他环保政策的协调。

3. 其他行业配额分配草案

根据 2017 年 5 月全国碳市场碳配额分配试算工作培训会公布的水泥行业和电解铝行业的配额分配方案，这两个行业同样打算采取基准线法进行配额免费分配，其他行业尚未有明确的分配方法。值得注意的是，当前国内不同区域间电网排放因子差别较大，对采用基准线法的行业，仅因为处于不同的地域就造成排放存在较大差距，在行业内存在不公平性。因此，全国碳市场核算重点排放单位间接排放时，若电力来源于电网，则按全国统一排放因子核算。

（1）水泥行业配额分配草案

覆盖范围：以水泥熟料生产为主营业务的水泥企业熟料生产工段、水泥粉磨工段（待定）水泥行业配额分配协同处置废弃物所导致的化石燃料燃烧、碳酸盐分解及电力消费和热力消费所对应的 CO_2 排放。

水泥行业配额分配的计算公式为：

$$A = (B \times Q) \times \sum_{i=1}^{N} (1 + K_i \times F_i \times P)$$

式中：

A——企业 CO_2 配额总量（tCO_2）；

B——熟料生产工段 CO_2 排放基准，取值为 $0.8534tCO_2/t$ 熟料；

Q——熟料产量（t）；

K_i——工段确定系数，若存在该工段，则取值为 1，若不存在该工段，则取值为 0，无量纲工段包括熟料生产及水泥粉磨（待定），协同处置废弃物（年处理量大于 x 吨）；

F_i——工段调整系数，依据行业平均水平设定；

P——工段的熟料使用比（%），协同处置废弃物的取值为 100%；

N——生产工段总数。

（2）电解铝行业配额分配草案

覆盖范围：以电解铝生产为主营业务的企业所有电解工序消耗交流电所产生的 CO_2 排放。

电解铝行业配额分配的计算公式为：

$$A = \sum_{i=1}^{N} (B_i \times Q_i)$$

式中：

A——企业 CO_2 配额总量（tCO_2）；

B_i——电解铝供需交流电耗 CO_2 排放基准，取值为 $9.1132tCO_2/t$ 铝液；

Q_i——铝液产量（t）；

N——生产工段总数。

（3）其他行业配额分配草案展望

水泥行业和电解铝行业作为已经开展配额试算的行业，是最有可能成为继发电行业后开展实际分配、交易和履约的行业。其他行业仍需进一步加强研究，制定既符合减排目标，又符合行业实际的科学合理的配额分配方法。

根据发电行业配额分配方法，以及水泥行业和电解铝行业配额分配草案，可以看出现有配额分配有两个主要趋势。一是以基准线法为主，虽然历史强度法在试点得到了应用，但在全国范围内，行业对标是相对更公平、更容易被行业接受的方法；二是管控具体的排放设施而不是整个法人范围内的所有排放。要满足这两个条件，发电行业外的其他行业需要持续完善以下工作。

首先，持续做好基础数据监测工作。我国大部分行业缺少设施级的数据监测，即使重点排放单位内部有针对分设施、分工段的记录，也往往缺少交叉验证的手段和证明，政府和第三方机构难以确定企业是否造假。除了继续完善现有的核算方法，还需要更高层级的立法，以及统计局等其他政府部门共同协调推动企业碳排放统计体系的完善。

其次，持续产品基准线研究。不同行业设计产品基准线的难度也不一样。例如，钢铁行业需要面对长流程和短流程分别制定；化工行业的难点在于单位产品碳排放难以从整体排放中剥离，生产同样产品的不同工艺也不能简单地对比；造纸行业不同品类的能耗、碳排放差异较大，缺乏基础数据，等等。部分行业可以参考国外的基准线设计，但也需要结合我国实际情况进行完善。

最后，争取影响国际相关标准。欧盟提出最早要从 2023 年起向进口商品征收碳排放边境调节税，本书截稿时该提议尚未正式通过，但根据现有政策讨论方向，钢铁、水泥、化工、铝等高碳初级产品进入欧盟时将被征收碳关税。全国碳市场需要针对相关行业，尽快制定行业分配方法，并争取影响国际相关标准，在即将到来的碳关税谈判中争取主动权。

3.3.5　全国碳市场 MRV 制度

为统一和确保全国碳市场体系下重点排放单位排放数据的质量，国家发展改革委发布了重点行业温室气体排放检测、核算、报告、核查的管理细则和技术指南，组织开展了 2013—2015 年和 2016—2017 年两次企业温室气体排放数据报告核查，为全国碳市场制度设计提供了数据基础。转隶工作完成后，生态环境部持续强化排放数据管理制度建设，持续推进重点排放单位历史碳排放数据报告和核查工作，进一步强化了对碳排放监测工作的要求，完成了 2018—2020 年度数据报告核查，将碳排放数据报告核查工作常态化。

1. 全国碳市场碳排放核算指南

在全国碳市场建设过程中，最核心的问题是如何量化和核算碳排放量，如果企业对核算方法、报告体系、核查标准理解有误，就会造成排放数据偏差，不仅导致自己信誉缺失，而且意味着真金白银的损失，所以各行业企业都应对相关的核算指南有准确且深入的认识。截至 2017 年年底，国家发展改革委发布了三批共 24 个重点行业温室气体核算指南（见表 3-8）。虽然归属不同的行业，但是这些核算指南具有一定的共性，主要体现在每个重点行业的核算指南都包含了适用范围、引用文件和参考文献、术语及

定义、核算边界、核算方法、质量保证和文件存档、报告内容和格式规范
七部分内容，指导重点排放单位开展数据监测、报告和核查工作。

表 3-8　我国重点行业温室气体核算指南

2013 年 10 月通过的第一批核算指南	
1	《中国发电企业温室气体排放核算方法与报告指南（试行）》
2	《中国电网企业温室气体排放核算方法与报告指南（试行）》
3	《中国钢铁生产企业温室气体排放核算方法与报告指南（试行）》
4	《中国化工生产企业温室气体排放核算方法与报告指南（试行）》
5	《中国电解铝生产企业温室气体排放核算方法与报告指南（试行）》
6	《中国镁冶炼企业温室气体排放核算方法与报告指南（试行）》
7	《中国平板玻璃生产企业温室气体排放核算方法与报告指南（试行）》
8	《中国水泥生产企业温室气体排放核算方法与报告指南（试行）》
9	《中国陶瓷生产企业温室气体排放核算方法与报告指南（试行）》
10	《中国民航企业温室气体排放核算方法与报告指南（试行）》
2014 年 12 月通过的第二批核算指南	
1	《中国石油和天然气生产企业温室气体排放核算方法与报告指南（试行）》
2	《中国石油化工企业温室气体排放核算方法与报告指南（试行）》
3	《中国独立焦化企业温室气体排放核算方法与报告指南（试行）》
4	《中国煤炭生产企业温室气体排放核算方法与报告指南（试行）》
2015 年通过的第三批指南	
1	《造纸和纸制品生产企业温室气体排放核算方法与报告指南（试行）》
2	《其他有色金属冶炼和压延加工业企业温室气体排放核算方法与报告指南（试行）》
3	《电子设备制造企业温室气体排放核算方法与报告指南（试行）》
4	《机械设备制造企业温室气体排放核算方法与报告指南（试行）》
5	《矿山企业温室气体排放核算方法与报告指南（试行）》
6	《食品、烟草及酒、饮料和精制茶企业温室气体排放核算方法与报告指南（试行）》
7	《公共建筑运营单位（企业）温室气体排放核算方法和报告指南（试行）》
8	《陆上交通运输企业温室气体排放核算方法与报告指南（试行）》
9	《氟化工企业温室气体排放核算方法与报告指南（试行）》
10	《工业其他行业企业温室气体排放核算方法与报告指南（试行）》

2015 年 11 月 19 日，原国家质量监督检验检疫总局、国家标准化管理委员会批准了《工业企业温室气体排放核算和报告通则》等 11 项国家标准，将首批 10 个重点行业温室气体排放核算指南和工业企业温室气体排放核算指南升级为国家标准。但在具体核算时，仍以国家发展改革委颁布的行业核算指南为准。

根据 2021 年 3 月生态环境部颁布的《关于加强企业温室气体排放报告管理相关工作的通知》，电力行业按照该通知附件《企业温室气体排放核算方法与报告指南 发电设施》进行数据报告，这是从以法人为边界的核算标准向以设施为边界的核算标准的变化，标志着我国碳核算制度向更精细化的方向发展，未来其他行业也有可能出现类似的变化。

针对具体监测、报告、核查工作中出现的技术问题，重点排放单位、第三方核查员、地方主管部门可通过国家碳市场帮助平台或全国排污许可证管理信息平台的"在线客服"悬浮窗咨询。生态环境部组织相关专家针对具体的问题提出权威解答并公示，确保全国标准一致，也为下一阶段标准的完善做好准备。

具体核算方法将在第 5 章详述。

2. 全国碳市场 MRV 工作流程和相关要求

我国 MRV 体系大致包括以下三个主要流程。

首先，纳入企业应在每年年底前将下一年度温室气体排放监测计划上报管理机构，并在每年一季度编制上一年度的温室气体排放报告。

其次，第三方核查机构对企业的年度温室气体排放情况进行核查，出具核查结论并上报管理机构。

最后，管理机构依据核查结论，审批企业的年度温室气体排放量。

MRV 体系的整体流程如图 3-11 所示。

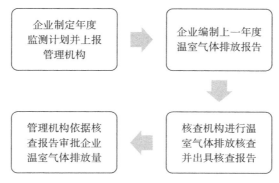

图 3-11　MRV 体系的整体流程

根据具体情况，不同的 MRV 体系会在以上三个主要步骤的基础上各自进行细节调整。自 2017 年国家碳排放主管部门要求重点排放单位编制排放监测计划以来，我国各碳排放权交易试点地区的主管部门也逐步加强了对企业监测计划的核查和管理。

由于我国碳市场从 2020 年起分为需要实际分配履约的发电行业和只报告核查而不参加分配履约的其他行业两部分，为保证相关工作按时、高质量地完成，生态环境部在《关于加强企业温室气体排放报告管理相关工作的通知》中，要求重点排放单位分两批完成相关工作。

» 发电行业 2020 年度温室气体排放情况、有关生产数据及支撑材料于 2021 年 4 月 30 日前完成线上填报。发电行业的核查数据报送工作应于 2021 年 6 月 30 日前完成。

» 其他行业重点排放单位于 2021 年 9 月 30 日前，通过环境信息平台填报 2020 年度温室气体排放情况、有关生产数据及支撑材料。其他行业的核查数据报送工作应于 2021 年 12 月 31 日前完成。

» 省级生态环境主管部门应加强对重点排放单位温室气体排放的日常管理，重点对相关实测数据、台账记录等进行抽查，监督检查结果及时在省级生态环境主管部门官方网站公开。对未能按时报告的重点排放单位，省级生态环境主管部门应书面告知相关单位，并责令其及时报告。

针对核查工作，生态环境部出台了《企业温室气体排放报告核查指南（试行）》，对第三方核查工作进行规定，详见本书第 6 章。

3. 全国碳市场 MRV 工作监管

生态环境部依据《碳排放权交易管理办法（试行）》，对全国碳市场 MRV 工作进行监管。

上级生态环境主管部门应当加强对下级生态环境主管部门的重点排放单位名录确定、全国碳排放权交易及相关活动情况的监督检查和指导。设区的市级以上地方生态环境主管部门根据对重点排放单位温室气体排放报告的核查结果，确定监督检查重点和频次。设区的市级以上地方生态环境主管部门应当采取"双随机、一公开"的方式，监督检查重点排放单位温室气体排放和碳排放配额清缴情况，相关情况按程序报生态环境部。

重点排放单位虚报、瞒报温室气体排放报告，或者拒绝履行温室气体排放报告义务的，由其生产经营场所所在地设区的市级以上地方生态环境主管部门责令限期改正，处 1 万～3 万元的罚款。逾期未改正的，由重点排放单位生产经营场所所在地的省级生态环境主管部门测算其温室气体实际排放量，并将该排放量作为碳排放配额清缴的依据；对虚报、瞒报部分，等量核减其下一年度碳排放配额。

生态环境部在《关于加强企业温室气体排放报告管理相关工作的通知》中规定，各省级生态环境主管部门应高度重视温室气体排放数据报送工作，加强组织领导，建立常态化监督检查机制，切实抓好本辖区内重点排放单位温室气体排放报告相关工作。生态环境部将对各地方温室气体排放报告、核查、配额核定和清缴履约等相关工作的落实情况进行督导，对典型问题进行公开。

3.3.6 全国碳市场履约制度

生态环境部在《关于加强企业温室气体排放报告管理相关工作的通知》中规定了履约时间，在《碳排放权交易管理办法（试行）》中明确了对履约工作的监督管理。

1. 履约时间

在 2021 年 9 月 30 日前完成发电行业重点排放单位 2019—2020 年度的配额核定工作，2021 年 12 月 31 日前完成配额的清缴履约工作。

2. 履约数量要求

《碳排放权交易管理办法（试行）》规定，重点排放单位应当在生态环境部规定的时限内，向分配配额的省级生态环境主管部门清缴上一年度的碳排放配额。清缴量应当大于等于省级生态环境主管部门核查结果确认的该单位上一年度温室气体实际排放量。但在实际操作中，为降低对企业的影响，生态环境部在《2019—2020 年全国碳排放权交易配额总量设定与分配实施方案（发电行业）》中，对配额清缴的数量要求提出了进一步的规定。

对于燃煤机组，在配额清缴相关工作中设定配额履约缺口上限，其值为重点排放单位经核查排放量的 20%，即当重点排放单位配额缺口量占其经核查排放量比例超过 20% 时，其配额清缴义务最高为其获得的免费配额量加 20% 的经核查排放量。这意味着生态环境部为燃煤机组设置了 20% 的亏损上限。

为鼓励燃气机组发展，在燃气机组配额清缴工作中，当燃气机组经核查排放量不低于核定的免费配额量时，其配额清缴义务为已获得的全部免费配额量；当燃气机组经核查排放量低于核定的免费配额量时，其配额清缴义务为与燃气机组经核查排放量等量的配额量。这意味着相对效率较低的燃气机组不会付出额外的碳成本，先进的燃气机组可以出售剩余配额获取额外收益。

以上两项规定是在我国碳市场尚未成熟，发电企业碳价成本无法传导至下游的背景下，为降低发电企业的负担，保证发电企业顺利参与全国碳市场所做的一定程度的妥协。随着碳市场和电力市场机制的不断完善，相信主管部门会对相关条款进行调整，按照《碳排放权交易管理办法（试行）》的规定，实现履约量大于等于实际排放量的要求。

3. 配额结转与失效

全国碳市场的履约期为每个自然年（当前为 2019、2020 两个自然年）。

对已参加地方碳市场 2019 年度配额分配但未参加 2020 年度配额分配的重点排放单位，暂不要求参加全国碳市场 2019 年度的配额分配和清缴。对已参加地方碳市场 2019 年度和 2020 年度配额分配的重点排放单位，暂不要求其参加全国碳市场 2019 年度和 2020 年度的配额分配和清缴。《2019—2020 年全国碳排放权交易配额总量设定与分配实施方案（发电行业）》印发后，地方碳市场不再向纳入全国碳市场的重点排放单位发放配额。试点发电企业参与全国碳市场时，其所拥有的试点剩余配额不能结转至全国碳市场。

关于上一年度的配额是否可以结转至后续年度使用，当前未有规定，但根据试点通行规则，在没有明确规定的情况下，重点排放单位上一年度剩余配额能够结转至后续年度使用，即配额能够存储。关于后续年度签发的配额是否能够用于履行上一年度的配额履约义务，当前没有规定，根据试点同行规则不能使用未来年份配额，注册登记系统也没有此功能，即碳配额不能预借。

根据国家发展改革委 2016 年发布的《全国碳排放权交易配额总量设定与分配方案》，配额每年确定并分配一次，有效期 5 年。但该方案是否在应对气候变化职能转隶至生态环境部后仍然生效，本书截稿时尚未有明确说法。

总体而言，全国碳市场关于配额存储、预借、有效期等的规则仍有待进一步明确。

4. 未履约处罚

按照《碳排放权交易管理办法（试行）》的规定，重点排放单位未按时足额清缴碳排放配额的，由其生产经营场所所在地设区的市级以上地方生态环境主管部门责令限期改正，处 2 万 ~ 3 万元罚款；逾期未改正的，对欠缴部分，由重点排放单位生产经营场所所在地的省级生态环境主管部门等量核减其下一年度碳排放配额。

生态环境部发布的《碳排放权交易管理办法（试行）》在履约处罚力度上有所不足，需要国务院尽快出台《碳排放权交易管理暂行条例》予以进一步的规定。

3.3.7 全国碳市场抵消机制

目前，我国已经建立了自愿减排交易机制，作为试点碳市场的抵消机制。生态环境部在《碳排放权交易管理办法（试行）》中规定，重点排放单位每年可以使用 CCER 抵消碳排放配额的清缴，抵消比例不得超过应清缴碳排放配额的 5%。用于抵消的 CCER 不得来自纳入全国碳市场配额管理的减排项目。但由于缺乏具体的实施细则，且 CCER 项目审批和减排量签发仍处于暂停阶段，即使在全国碳市场正式启动交易后，CCER 交易市场仍以试点履约和自愿减排市场为主，尚未和全国碳市场履约挂钩。不同类型的 CCER 价格从 5 元 / 吨到 35 元 / 吨不等，但和配额碳市场 40 ~ 50 元 / 吨仍存在明显差异。

2021 年 10 月，生态环境部在其发布的《关于做好全国碳排放权交易市场第一个履约周期碳排放配额清缴工作的通知》中，重申了符合以上标准的配额可以用于 2019—2020 年度履约，从实际操作层面明确了 CCER 用于履约的合法性。该政策出台后，CCER 价格迅速和配额碳市场接轨，在个别交易日，出现了某笔 CCER 交易成交价高于某笔配额成交价的情况。一些之前不受试点市场和自愿市场欢迎的 CCER，如产生于 2010 年之前的大水电项目的 CCER，从低于 5 元 / 吨直接涨至 30 元 / 吨以上，充分体现了抵消机制下配额市场和 CCER 的联动。

由于我国自愿减排交易管理流程仍未重新启动，项目申请、第三方核证、减排量签发等流程尚未明确，因此在 2019—2020 年度履约周期内，企业只能购买 2015—2017 年签发的减排量进行履约。据估算，此前共签发了 7 000 万吨左右的 CCER，当前剩余量为 3 000 万～ 4 000 万吨。全国市场的 CCER 以 40 亿吨的总量计算，理论上的 CCER 需求量为 2 亿吨，远高于当前供给，这也是 CCER 价格迅速上升的原因之一。

为了促进碳减排量的完整性，主管部门往往会将减排项目的地理区域、气体、项目类型等纳入限制，碳排放权交易试点已有具体规定。截至本书截稿时，生态环境部并未对下一履约周期的抵消做出更详细的规定。但市场普遍预期，未来自愿减排交易完成改革后，生态环境部将从项目类型、地域、减排量产生时间等方面明确何种核证自愿减排量能够用于抵消重点排放单位的碳排放。有意愿投资自愿减排项目的机构或个人，需要密切关注政府出台的政策。

3.3.8　全国碳市场交易结算制度

如前所述，全国碳市场交易结算制度由四份文件组成，生态环境部《碳排放权交易管理办法（试行）》对交易结算做了基本规定，并出台了《碳排放权交易管理规则（试行）》《碳排放权结算管理规则（试行）》，明确了主管部门、注册登记管理平台、交易所、控排企业、其他交易参与者等各相关方的权责。上海环境能源交易所牵头承建全国碳排放权交易平台，发布了《关于全国碳排放权交易相关事项的公告》，明确了交易的具体组织方式，并编写了交易系统的操作手册和使用指南。湖北碳排放权交易中心牵头建设运行碳排放权结算系统。未来国家将组建全国碳排放权交易所及全国碳排放权注册登记中心，不断完善相关职责，规范交易结算管理。

1. 交易主体

根据《碳排放权交易管理规则（试行）》，全国碳排放权交易主体包括重点排放单位及符合国家有关交易规则的机构和个人。但在 2019—2020 年度碳配额交易履约周期内，生态环境部并未公布其他机构和个人参与碳排放权交易的条件，仅允许重点排放单位参与交易。后续相关政策何时放开将受到市场关注。

2. 交易产品

全国碳排放权交易市场的交易产品为碳排放配额，生态环境部可以根据国家有关规定适时增加其他交易产品。在 2019—2020 年度碳配额交易履约周期内，地方试点配额、地方减排量等产品暂时不能在全国碳排放权交易平台上进行交易，也不能用于重点排放单位履约。CCER 能够抵消企业排放量用于履约，但只能在七个试点及福建、四川的碳排放权交易所进行交易。

3. 交易方式

全国碳排放配额通过全国碳排放权交易系统进行，可以采取协议转让、单向竞价或其他符合规定的方式。其中，协议转让包括挂牌协议交易和大宗协议交易。

（1）挂牌协议交易

挂牌协议交易单笔买卖最大申报数量应当小于 10 万吨 CO_2e。交易主体查看实时挂单行情，以价格优先的原则，在对手方实时最优 5 个价位内以对手方价格为成交价依次选择，提交申报完成交易。同一价位有多个挂牌申报的，交易主体可以选择任意对手方完成交易。成交数量为意向方申报数量。

开盘价为当日挂牌协议交易第一笔成交价。当日无成交的，以上一个交易日收盘价为当日开盘价。收盘价为当日挂牌协议交易所有成交的加权平均价。当日无成交的，以上一个交易日的收盘价为当日收盘价。

挂牌协议交易的成交价格在上一个交易日收盘价的 ±10% 区间确定。

除法定节假日及交易机构公告的休市日外，采取挂牌协议方式的交易时段为每周一至周五上午 9:30—11:30、下午 13:00—15:00。

（2）大宗协议交易

大宗协议交易单笔买卖最小申报数量应当不小于 10 万吨 CO_2e。交易主体可发起买卖申报，或者与已发起申报的交易对手方进行对话议价或直接与对手方成交。交易双方就交易价格与交易数量等要素协商一致后确认成交。

大宗协议交易的成交价格在上一个交易日收盘价的 ±30% 区间确定，受上一个交易日挂牌协议交易价格的影响。

除法定节假日及交易机构公告的休市日外，采取大宗协议方式的交易时段为每周一至周五下午 13:00—15:00。

（3）单向竞价

根据市场发展情况，交易系统目前提供单向竞买功能。交易主体向交易机构提出卖出申请，交易机构发布竞价公告，符合条件的意向受让方按照规定报价，在约定时间内通过交易系统成交。

交易机构根据主管部门要求，组织开展配额有偿发放，适用单向竞价的相关业务规定。单向竞价的相关业务规定和交易时段由交易机构另行公告。

4. 交易信息披露

根据《碳排放权交易管理规则（试行）》，交易机构应建立信息披露与管理制度，并报生态环境部备案。交易机构应当在每个交易日发布碳排放配额交易行情等公开信息，定期编制并发布反映市场成交情况的各类报表。根据市场发展需要，交易机构可以调整信息发布的具体方式和相关内容。

根据此规定，上海环境能源交易所每天收市后，在其官网和两个官方微信公众号（上海环境能源交易所、全国碳排放权交易）上同步更新当天交易信息，相关信息如图 3-12 所示。

 全国碳排放权交易

2021年09月30日

全国碳市场每日成交数据

交易品种	开盘价（元/吨）	最高价（元/吨）	最低价（元/吨）	收盘价（元/吨）	涨跌幅	成交量（吨）	成交额（元）	交易方式
CEA	41.84	45.80	41.84	42.21	0.88%	71,024	2,997,655.76	挂牌协议交易
						8,403,359	351,159,740.56	大宗协议交易
						8,474,383	354,157,396.32	小计
截至当日累计						5,630,780	289,949,250.70	挂牌协议交易
						12,018,215	510,779,434.28	大宗协议交易
						17,648,995	800,728,684.98	合计

图 3-12　全国碳市场数据公开示例

5. 交易监管

根据《碳排放权交易管理规则（试行）》，生态环境部和交易机构将对碳排放权交易开展以下监管活动。

» 生态环境部加强对交易机构和交易活动的监督管理，可以通过询问交易机构及其从业人员、查阅和复制与交易活动有关的信息资料，以及采取法律法规规定的其他措施等进行监管。

» 在全国碳排放权交易活动中，涉及交易经营、财务或对碳排放配额碳市场价格有影响的尚未公开的信息及其他相关信息内容，这些信息属于内幕信息。禁止内幕信息的知情人、非法获取内幕信息的人利用内幕信息从事全国碳排放权交易活动。

» 禁止任何机构和个人通过直接或间接的方法，操纵或扰乱全国碳排放权交易市场秩序，妨碍或有损公正交易的行为。对由于上述原因造成严重后果的交易，交易机构可以采取适当的措施并公告。

» 交易机构应当定期向生态环境部报告的事项包括交易机构运行情况和年度工作报告、经会计师事务所审计的年度财务报告、财务预决算方案、重大开支项目情况。

» 交易机构应当及时向生态环境部报告的事项包括交易价格出现连续涨跌停或大幅波动、发现重大业务风险和技术风险、重大违法违规行为或涉及重大诉讼、交易机构治理和运行管理出现重大变化等。

» 交易机构对全国碳排放权交易相关信息负有保密义务。交易机构工作人员应当忠于职守、依法办事，除用于信息披露的信息外，不得泄露所知悉的市场交易主体的账户信息和业务信息等。交易系统软硬件服务提供者等全国碳排放权交易或服务参与、介入相关主体不得泄露其从全国碳排放权交易或服务中获取的商业秘密。

» 交易机构对全国碳排放权交易进行实时监控和风险控制，监控内容主要包括交易主体的交易及其相关活动的异常业务行为，以及可能造成市场风险的全国碳排放权交易行为。

如前所述，由于碳市场是根据生态环境部门发布的《碳排放权交易管理办法（试行）》进行管理的，缺乏统筹金融监管机构共同监管的法律法规，因此在交易监管上缺乏详细的监管规定和有力的处罚措施。根据《碳排放权交易管理办法（试行）》，交易主体违反本办法关于碳排放权注册登

记、结算或交易相关规定的，全国碳排放权注册登记机构和全国碳排放权
交易机构可以按照国家有关规定，对其采取限制交易措施。此惩罚对于市
场违规行为的震慑力不足，需要国务院尽快出台《碳排放权交易管理暂行
条例》，进一步加强法律强制力。

3.4　全国碳市场首年运行情况

2021 年 7 月 16 日，全国碳市场正式开盘交易，开盘价由主管部门设
定为 48 元 / 吨，与《2020 年全国碳价调查》中数百位受访者对开市价格
预期的平均值（49 元 / 吨）十分接近，但相比五大电力集团的心理预期价
位（20 ~ 30 元 / 吨）明显偏高。

全国碳市场首年（2021 年）平均价格及交易量如图 3-13 所示。

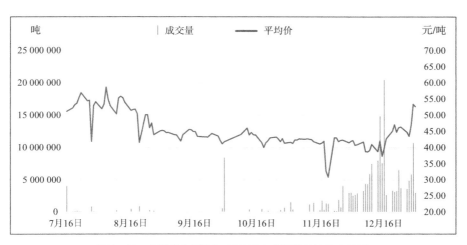

图 3-13　全国碳市场首年（2021 年）平均价格及交易量

2021 年 8 月，碳市场在经历了开市短暂的上涨后，开始缩量下跌，并
在 8 月底首次"破发"。碳市场交易一度十分冷清，部分日期每日成交量
仅几百吨。这一阶段，全国碳市场 2 000 多家企业的交易账户开设进展滞

后，大部分企业还未进入市场交易。

2021 年 9 月，碳价持续阴跌至 42 元 / 吨。期间出现了 84 万吨的高额大宗协议交易，单日成交量超过前两月的总和。这一情况的出现可能是因为 2021 年 9 月底发电行业碳配额核定工作的推进，少数电力集团率先明确了自身配额的盈缺情况后，进行了电厂间配额的调配。

2021 年 10 月底，生态环境部发布了《关于做好全国碳排放权交易市场第一个履约周期碳排放配额清缴工作的通知》，明确了 2021 年允许企业使用 CCER 抵消不大于 5% 的排放量。使用的 CCER 除了不得来自纳入全国碳市场配额管理的减排项目，对 CCER 的种类和产生时间均不限制。这意味着当前市场上数千万吨的存量 CCER 被允许进入全国碳市场，甚至此前被各碳排放权交易试点普遍拒绝使用的水电 CCER 项目也可用于全国碳市场抵消。进入全国碳市场的 CCER 存量预计为 3 000 万 ~ 4 000 万吨。此后 CCER 价格迅速走高，原本单价几元到十几元不等的各类 CCER 迅速跃升至 30 元 / 吨以上。CCER 价格和全国碳市场配额价格产生趋近效应。

进入 2021 年 11、12 月，全国碳市场履约期将近，通知要求各生态环境局确保 2021 年 12 月 15 日前本行政区域 95% 的重点排放单位完成履约，12 月 31 日前全部重点排放单位完成履约。这一阶段参与交易的重点排放单位数量是此前的近 3 倍，市场流动性和成交量上升。

2021 年 12 月 31 日，全国碳市场第一个履约周期顺利结束，按履约量计，履约完成率为 99.5%。截至 2021 年 12 月 31 日，全国碳市场累计运行 114 个交易日，碳排放配额累计成交量 1.79 亿吨，累计成交额 76.61 亿元。其中，挂牌协议交易累计成交量 3 077.46 万吨，累计成交额 14.51 亿元；大宗协议交易累计成交量 14 801.48 万吨，累计成交额 62.10 亿元。

2021 年 12 月 31 日，收盘价为 54.22 元 / 吨，较 7 月 16 日首日开盘价

上涨 12.96%，超过半数重点排放单位积极参与了市场交易。截至 2021 年
12 月 31 日，按履约量计，履约完成率为 99.5%。全国碳市场开市首年运
行健康有序，交易价格稳中有升，碳排放权交易体系促进企业做好温室气
体控制的作用初步显现。

纵观 2021 年全年交易，全国碳市场呈现出以下几个特点。

一是交易出现明显的"潮汐现象"。2021 年碳市场累计成交量 1.79 亿
吨，其中临近履约截止日期的 1 个月交易 1.36 亿吨，也就是说，75% 的交
易发生在履约截止日期前的一个月。造成这种情况的原因除了企业主观上
仍未形成常规化的交易思路，还有客观上各地未按照计划在 2021 年 9 月
30 日完成配额最终核定，只留给企业不到 2 个月的时间进行交易，加上缺
乏中介机构提供供需信息，导致最终交易集中在履约截止日期前。

二是企业普遍存在惜售情况。根据市场预估，本次配额分配较为宽
松，有机构测算总量盈余 3 亿吨，市场存在大量配额。但在实际价格方
面，接近履约截止日期时价格出现了拉升，有可能是效率较高、配额富余
较多的大集团对剩余配额存在惜售心理，出于对未来配额分配不确定性的
担忧，即使在配额富余的情况下仍选择继续持有。

三是交易以大宗交易为主。在首个履约期内，线上交易合计 3 077 万
吨，交易额 14.5 亿元，平均价 47.16 元 / 吨；大宗交易合计 1.48 亿吨，交
易额 62 亿元，平均价 41.95 元 / 吨（见图 3-14）。在所有交易中，大宗交
易占比 83%。在所有交易日中，大宗交易比线上交易平均低 8%。可以推
测，大集团采用大宗交易撮合集团内部企业以更低的成本进行交易，利用
大宗交易涨跌幅限制（±30%）比线上交易限制（±10%）更大的优势降
低整体履约成本，是造成以大宗交易为主的原因。

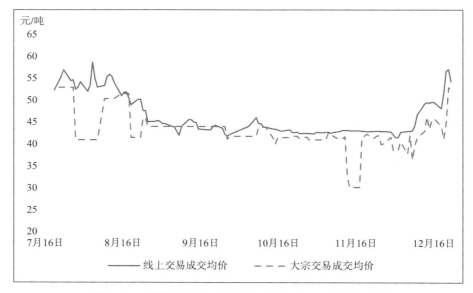

图 3-14　全国碳市场首年（2021 年）线上交易和大宗交易价差

3.5　碳普惠机制推动全民积极参与碳市场

随着我国城镇化的快速发展和城乡居民生活水平的提高，人均碳排放水平快速增长，城市小微企业和社区居民的生活、消费领域已经逐渐成为能源消耗和碳排放增长的重要领域。2015 年，广东在全国率先推行碳普惠制度，目前已经在广州、东莞、中山等地区启动试点，涉及居民社区、公共交通、旅游景区和节能低碳产品等领域。碳普惠机制符合国家战略发展理念，响应了国家降碳工作部署，为推动全民降碳提供了抓手。

碳普惠，是以政府引导、市场运作、全社会参与的方式，鼓励社会公众践行低碳行为，实现减排（见图 3-15）。通过专业数据库和交易服务平台，将居民的减碳行为（如公交出行、节气节电等），以"碳积分"的形式，核证为可用于交易、兑换商业优惠或获取政策指标的减碳量。以减碳量来体现居民的低碳权益，对资源占用少或对低碳城市建设做出贡献的居民给予一定的价值激励，利用市场配置推动社会各阶层积极参与节能减排，共创低碳社会。国内碳普惠发展现状如表 3-9 所示。

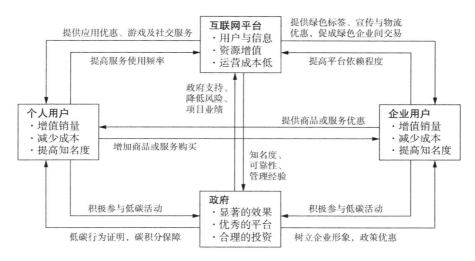

图 3-15　碳普惠参与者及其关注点

以广东和北京为例，经过核证的碳普惠减排量可以进入碳市场交易，成为碳市场的有效补充机制。碳普惠旨在唤醒大众的低碳意识，促进人人低碳、人人受益，改善生态环境，与政治、经济、社会、文化建设协同推进，从而满足人们对美好生活的向往和追求，顺应绿色、协调发展的新理念。

配额碳市场、减排量碳市场和普惠碳市场三者互相联通、互为补充，形成了"三位一体"的多层次复合型碳市场格局。其中，配额碳市场通过碳排放总量控制和价格机制，对工业企业碳排放施加管控约束；减排量碳市场通过将绿色低碳项目的生态价值定量化、货币化，促进绿色建设及绿色低碳生产方式的创新发展；普惠碳市场主要从衣、食、住、行、游各环节为市民创造丰富的绿色低碳生活场景，激发绿色低碳消费需求。上述三

表 3-9 国内碳普惠发展现状

	低碳行为方式	核算方法	激励机制	商业模式	主要特惠商品	备注
深圳碳账户	回收机、分时租赁、充电桩、自行车	具有排放量与减排量两项核算，排放量核算添加衣、住、行、食四种类型的活动核算，后合核算未公开	换购小礼品；积分抽奖	由绿色低碳发展基金会出资运营；以社交和公益吸引用户	—	可领低碳"任务"，带有"朋友圈"，增加趣味性；主页设有相关新闻与资讯
南京绿色出行	自行车、公交、地铁、不开车	换算为积分，绿色出行每次积分，不开车积2分，步行5 000步积1分，步行1万步积2分	换购小礼品；线上积分种树、线下认领植树	国家让利，政府公共服务提供支持等	健康体检、兑换部分体育场馆的使用券	设置等级，以积分换叶、4叶1树、4树1林
武汉碳宝包	江坡易单车、悦动圈（步行）	未公开	换购小礼品；享特惠商品	武汉发展改革委与碳排放权交易所合作，出资举办线下活动；商家让利	星巴克、太平洋咖啡、周黑鸭、摩拜、易微享、其他餐饮商户	标榜"低碳生活+"，以接入生活方方面面为目标
广州碳普惠	公交、地铁、公共自行车、节约水电气、减少私家车	公布低碳行为对应的减排量，未公布核算方法	优惠券、代金券	蚂宝（或发展改革委）提供运营资金，商户提供优惠	郎世达眼镜、利坤达灯饰、四季火锅、华南植物园	与碳市场关联，但并未说明如何关联
北京每周再少开一天车	不开车	未公开	根据排量，停驶一天可分别获得0.5元、0.6元、0.7元的碳减排效益	北京发展改革委提供补贴	—	—
蚂蚁森林	线上支付、步行、公交、水电	未公开	绿色能量换取公益林木种植	蚂蚁金服出资阿拉善基金种植	—	设置"偷能量"机制、提供支付宝"积分购"道具
抚州碳普惠	步行、公交、骑行、在线支付、网上办事、电子门标、绿色产品	未公开	公共服务激励、公益活动激励、商业优惠折扣	—	—	—

种类型的碳市场在功能和对象上各有侧重，但又紧密联系，配额碳市场的高排放企业通过购买来自其他两个市场的积分和信用来抵消自身排放，为减排量碳市场和普惠碳市场的持续运行提供必要的资金补充，并为减排行为提供社会认可的衡量标准；减排量碳市场从生产的维度为配额碳市场提供抵消产品；普惠碳市场从生活的维度为配额碳市场提供抵消产品，并从消费端促进低碳节能技术的应用。三者相互协同，构成了完整的多层次复合型碳市场体系（见表 3-10 和图 3-16）。

表 3-10　多层次复合型碳市场体系

构成类型	配额碳市场	减排量碳市场	普惠碳市场
作用对象	工业企业	绿色低碳项目	小微企业、公众个人
主要作用	控制碳排放，推动工业绿色低碳转型升级	量化绿色生态投入产生的生态资产及价值	促进全社会绿色消费，构建绿色供应链

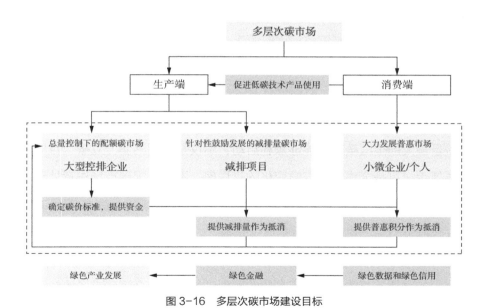

图 3-16　多层次碳市场建设目标

中国处于着力构建新经济产业体系的关键阶段，加快实现经济增长方式由"以环境换增长"向"以环境促增长"转换是当前发展转型的内在需求。构建多层次复合型碳市场，不仅是进一步发挥市场机制促进减排的突破口，更是破解增长方式转换过程中的三大难题的有效路径。

3.6　全国碳市场运行面临的挑战

与美国、欧盟等发达国家和地区相比，我国是一个发展中国家，高能耗产业比重高，协调经济增长和控制碳排放难度大，市场机制在电力等行业还不完善，在碳市场建设的过程中面临诸多困难。首先，我国正处于全面深化改革的进程中，与碳市场相关领域的改革也在同步进行，这些改革将直接或间接地影响企业温室气体排放，因此与碳排放权交易之间存在显著的交叉影响，需要在更高层面进行有效的调控。其次，碳市场既是政策工具，又是商品市场，从市场化的角度加大对碳金融产品的创新和监管必不可少，但这方面的制度目前比较匮乏。此外，全国碳市场作为一个比较新的市场，各地政府、监管执法队伍、重点排放单位、技术服务机构等的能力建设亟待提升，以保障全国碳市场真正发挥作用。

面对这些困难，在经历了试点成功尝试及多年研究之后，全球碳排放覆盖量最大的全国碳市场能够顺利启动，不仅是我国落实"双碳"目标的重要抓手，更是全球应对气候变化的里程碑。不过全国碳市场毕竟处于启动初期，在法律支持、制度设计、数据质量、交易规则、履约监督等方面仍存在以下不足之处，需要后续逐步完善。

一是缺乏高层级的法律支持。碳排放权交易是人为创建的市场，需要强有力的立法监督才能保证交易履约顺利进行。当前全国碳市场的法律依据为生态环境部发布的《碳排放权交易管理办法（试行）》，对企业不购买足够的配额履约的情况，受限于行政罚款规定，仅能执行 2 万~3 万元的罚款，与数十万元、数百万元的配额购买成本相比微乎其微。对于数据造假、违规交易等行为也没有强有力的处罚措施。这导致重点排放企业对全国碳市场的强制力缺乏信心，对于是否积极参与交易持保留态度。国务院的《碳排放权交易管理暂行条例》作为更高层级的立法，希望能够尽快出台，支撑碳市场信心。

二是国家未能出台行业长期减排目标，碳配额缺乏稀缺性。碳市场需要对产业发展进行规划乃至约束，需要确定碳市场长期减排要求和总量目标。但全国碳市场采取自下而上的方法，选择基准线法，先计算每家企业的配额，再加总形成国家总量，而且没有对未来 3 ~ 5 年的总量和强度下降提出要求。面对行业压力，采取最多亏损排放量 20%、设定多个配额调整补偿系数等方式进行妥协，以降低对企业和行业的影响。这导致配额分配宽松，配额供过于求，未能体现碳市场对减排的额外贡献，也不能指导企业制订长期减排计划。生态环境部应联合行业主管部门制定行业长远减排目标和配额长期总量方案，指导行业进行长期减排，形成配额长期紧缺的预期，促进企业将减排纳入长期规划。

三是全国碳市场未能形成完善工作流程。为解决管理企业排放和使用实际产量分配的矛盾，试点已经形成成熟的预分配—核算—配额调整—配额清缴流程，能够在当年分配当年配额，指导企业安排本年度减排工作。但是全国碳市场在 2021 年 7—12 月交易 2019 年和 2020 年两年的配额，是对过去年份的追溯，不能影响企业已经结束的排放行为。未来亟须完善工作流程，充分发挥碳市场对企业实际碳排放管理工作的促进作用。

四是数据质量有待进一步提升。各地核查机构能力参差不齐，面对企业提交的数据，部分核查机构难以判断数据的准确性。更有部分合规意识不强的控排企业和唯利是图的服务机构铤而走险，篡改或编造煤样实测数据，试图通过造假来减低控制企业的碳排放量。虽然以上行径最终会被发现并纠正，但数据监测、报告、核查的标准和流程，以及对核查机构、咨询机构的能力建设和监督管理，仍然需要进一步提高。

五是 CCER 改革进展缓慢，不能满足多个市场需求。自愿减排机制是全国碳市场重要的补充机制，社会上越来越多的企业需要购买国家认可的减排量，开展自愿碳中和活动，国际民航组织也承认 CCER 可作为国际民航碳抵消产品，这些都导致了市场对 CCER 的需求不断增长。我国已经建立了自愿减排机制，在 2015—2017 年签发了超过 5 600 万吨的减排量，时至今日仍在支撑试点碳市场和自愿碳中和市场。但 CCER 机制改革进展缓慢，至今仍没有明确的时间表和改革方向。面对碳市场和碳中和需求，此前签发的 CCER 价格已经从 10～15 元 / 吨涨至 30～40 元 / 吨，出现供需失衡情况，急需主管部门重启 CCER 机制，指导市场有序发展。

六是缺乏长期定价机制，无法引导企业进行低碳投资。企业开展低碳转型，涉及大量的固定资产投资，需要在财务上对低碳投资的成本、收益进行分析测算。当前全国碳市场为现货交易，无法提供排碳成本或减排激励的长期价格，企业无法测算未来一段时间低碳投资的成本和收益，无法体现碳市场对资源的引导作用。拒绝非重点排放单位参与交易，也不利于提高碳金融产品的流动性和价格发现。国际成熟碳市场的期货交易是现货交易量的数十倍，通过活跃的市场交易形成长期碳价，切实促进企业进行低碳转型。生态环境部在全国碳市场逐渐成熟后，同样需要协同金融监管部门，探索并有序推进重点碳金融产品和衍生品上线。

七是未能形成完善的信息披露机制引导市场运行。当前的管理办法对重点排放单位、生态环境部和省级生态环境主管部门、注册登记机构和交易机构均提出了信息公开的要求。但在实践中缺乏对公开渠道、公开内容、公开模板等的统一规定和指导。各企业、各地方公开的内容和渠道均不统一，有集团层面统一公布的，有独立法人层面公布的，有省级统一公布的，有地市单独公布的。配额总量、排放总量、未履约企业数量和名单、处罚情况等关键信息有所缺失，难以支撑市场研究分析。

面对以上挑战，生态环境部已携手其他相关部门、行业协会、主要企业等利益相关方，逐步完善制度设计，相信在不远的未来一定能解决以上问题。

第4章
各级政府参与全国碳市场
的步骤和措施

······· ▼ ·······

碳市场建设是一项复杂的系统工程，需要完善的法律法规、有效的管理机制、真实的排放数据、可靠的交易系统及扎实的能力建设，这需要中央和地方主管部门共同努力。地方主管部门在参与全国碳市场时，应准确把握全国碳市场的建设方向、趋势和要求，并吸收借鉴试点地区好的经验和做法，分阶段、有步骤地推进。

4.1　中央与地方的责任分工

《碳排放权交易管理办法（试行）》规定碳市场的管理层级为"中央—省级—市级"三级管理。生态环境部与地方主管部门在全国碳市场的任务分工如表 4-1 所示。不同的省级主管部门和市级主管部门的具体分工略有差异。

表 4-1　生态环境部和地方主管部门在全国碳市场的任务分工

	生态环境部	省级主管部门	市级主管部门
碳排放核算报告和核查	确定技术标准，安排全国 MRV 工作时间点	负责管理辖区内的重点排放单位报告、核查工作，以及核查机构的资质管理工作	按照省级主管部门的安排督促辖区内的重点排放单位完成报告、核查工作
覆盖范围	确定纳入标准	根据标准确定辖区内重点排放单位名单，上报生态环境部	根据标准确定辖区内重点排放单位名单，上报省级主管部门

续表

	生态环境部	省级主管部门	市级主管部门
配额总量	确定国家和地方配额总量	—	—
配额分配	确定免费分配方法和标准	根据标准计算辖区内重点排放单位免费配额量，上报生态环境部	—
配额清缴	公布清缴情况	负责管理辖区内重点排放单位的配额清缴	按照省级主管部门的安排督促辖区内的重点排放单位清缴配额
注册登记系统	负责建立和管理系统	利用省级管理员账户管理辖区内的配额分配和清缴	—
碳排放权交易	确定交易机构，制定碳排放权市场交易管理办法	配合生态环境和交易所监督辖区内的交易情况	—

生态环境部负责制定全国碳排放权交易及相关活动的技术规范，加强对地方碳排放配额分配、温室气体排放报告与核查的监督管理，并会同国务院其他有关部门对全国碳排放权交易及相关活动进行监督管理和指导。在具体执行上，一方面负责国家碳市场基本规则的制定，包括覆盖范围、配额总量、配额分配方法和标准、排放核算报告方法标准和流程等；另一方面统一管理国家注册登记系统和交易机构，管理核查机构资质，建立市场调节机制。

省级生态环境主管部门负责在本辖区内组织开展碳排放配额分配和清缴、温室气体排放报告的核查等相关活动，并进行监督管理。设区的市级生态环境主管部门负责配合省级生态环境主管部门落实相关具体工作，并根据《碳排放权交易管理办法（试行）》的有关规定实施监督管理。省级和市级主管部门主要负责以下几项工作。

» 省级主管部门在国家政策框架下作为牵头单位，负责本辖区内碳排放权交易相关活动的具体执行和管理，包括制定本辖区碳排放权管理的政策法规与实施细则，统筹协调相关职能部门和市级主管部门推进相关工作，确定重点排放单位名单，对重点排放单位进行配额免费分配和有偿分配，管理碳排放的报告和核查、重点排放单位的配额清缴、辖区内的交易情况、国家登记系统开户、相关能力建设，通过不同渠道寻求资金支持等。

» 各省其他相关部门为本省碳市场的具体管理工作提供支持。省财政厅及各市财政局为碳市场相关政策研究、能力建设、运行管理等工作提供资金支持；省统计局为碳市场覆盖范围管理提供必要的数据基础；省物价局、质监局、金融办负责对市场交易进行监管；省工业和信息化委在企业组织协调与管理上提供支持，并与地方政府林业厅等行业主管部门共同支持自愿减排项目的开发。

» 市级主管部门负责具体企业组织工作，主要包括协助开展能力建设，协助组织地方企业数据报送，协助企业和省级主管部门进行技术沟通，动员企业积极参与碳市场、企业碳排放权交易相关服务，督促企业履约和协助开展相关执法等工作，通过不同的渠道寻求资金支持。

» 省级主管部门根据生态环境部的政策要求及技术标准，制定分阶段的工作方案并向社会公布，明确本省各相关方在碳市场各个阶段的工作安排，包括排放数据报送与核查、配额分配及管理、交易监督、履约清缴等碳市场管理工作的具体要求、责任单位及时间要求，明确碳市场具体工作的安排，指导本辖区内相关单位和机构建设及参与碳市场。

4.2 地方主管部门参与碳市场建设重点任务

4.2.1 建立工作机制

为积极配合全国碳市场建设，顺利参与全国碳市场运行，地方主管部

门需建立起由省级主管部门负责、多部门协同推进、地市级相关部门紧密
配合的省级碳排放权交易管理体系（见图 4-1）。

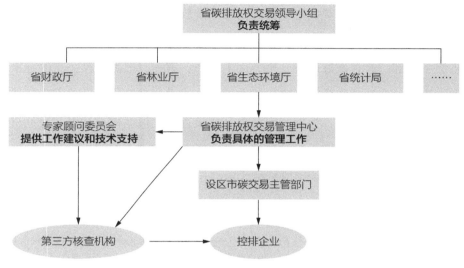

图 4-1　省级碳排放权交易管理体系

　　建议成立碳排放权交易领导小组，负责总体指导和统筹协调推进碳排
放权交易重点工作。领导小组办公室可设在省生态环境厅，由省政府分管
领导担任组长，省生态环境厅分管领导担任副组长，省财政厅、林业厅、
统计局等省直相关单位领导为小组成员。同时研究设立省碳排放权交易管
理中心，由省生态环境厅主管负责数据报送、配额分配、交易遵约等碳排
放权交易的日常管理工作和温室气体自愿减排交易管理工作；有条件的省
市还可设立专家顾问委员会，邀请本地专家及国家级专家担任顾问，为本
省参与全国碳市场建设、数据报送与核查及配额分配等工作提供建议和技
术支持。建议各设区市同时设立相应的工作机构，做到有编制、有经费、
有人员，确保碳排放权交易工作顺利开展。

4.2.2 组织排放数据报告与核查

依据《碳排放权交易管理办法（试行）》，在 MRV 体系（见图 4-2）中，省级主管部门负责确定本辖区内重点排放单位名单，管理排放报告进度，审核排放核查报告，统计分析排放数据，汇总报送排放数据。据此，省级主管部门必须做好以下几个方面的工作：第一，根据国家公布的标准和指南并结合地方实际，明确相关技术要求或进一步细化碳排放报告与核查的技术规范；第二，根据国家要求开展核查，并根据核查结果对数据进行修正后，将最终确定的排放数据汇总上报至国家主管部门；第三，督促和指导企业按年度制订碳排放监测计划，并按年度做好核查工作。

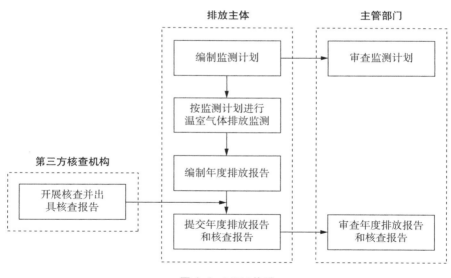

图 4-2 MRV 体系

在全国碳排放权交易正式启动后，省级主管部门应督促企业和第三方核查机构形成常态化、完备的报告与核查流程，及时总结经验教训并向国家主管部门进行反馈，保障碳排放权交易制度顺利运行。

在数据监测方面，重视数据监测计划的制订与审核，逐步在企业内部实施细化到设施、工序、产品层级的数据监测体系，确保重点排放企业数据的准确性和完整性。针对数据在线采集条件成熟、数据报告标准化程度高的行业，可创新试行基于大数据分析和区块链技术的数据监测方式。

在排放报告方面，在目前一年一报告、一核查的基础上，可利用信息化采集技术，逐步提高数据报告频次，最终形成全年排放数据流，提高排放数据的精确性。

在数据核查方面，在采用企业自身抄表数据的基础上，结合电力公司、天然气公司等能源监测单位的能源消耗数据及统计部门的企业产量、产值数据等产品信息数据，还可增加税务信息数据等交叉核对信息来源。

有条件的地区可同时建立覆盖全省的省、市、县三级温室气体清单编制体系，完善碳排放统计核算制度。建设温室气体清单管理系统、重点排放单位碳排放在线监测和年度报告系统等，形成全省统一的气候变化研究交流平台，通过挖掘碳排放数据的应用价值，辅助主管部门进行低碳方面的分析决策。

4.2.3　做好重点排放单位名单管理

根据全国碳市场覆盖范围的要求，省级和市级主管部门需要定期更新重点排放单位名单，剔除不符合要求的重点排放单位。如果国家扩大碳市场覆盖行业，降低纳入门槛，或者本地企业排放量增加，达到碳市场纳入门槛，省级主管部门还需要纳入新的重点排放单位。省级主管部门应按照国家主管部门的要求，督促并监督新增加的重点排放单位完成开户。在此过程中，省级主管部门需做好与企业的沟通交流工作，联合注册登记系统和交易系统的管理机构，及时开展系统操作培训，随时解决企业在开户过程中遇到的各种问题。

4.2.4　做好配额年度分配与调整

省级主管部门根据每年的核查结果，提出本行政区域内重点排放单位的免费分配配额数量，报生态环境部确定后，向本行政区域内的重点排放单位免费分配排放配额。

根据目前确定的碳排放权配额分配方法，地方配额分配有以下两个步骤：①预分配配额，每年分配一次，数量根据配额分配方法确定；②调整分配的配额，省级主管部门在第二年要根据上一年度的实际碳排放数据和统计指标数据，确定上一年度的实际配额数量，并对企业配额进行追加或扣减。无论是采用基准线法还是历史强度法，均需要使用重点排放单位当年的实际产出量计算。由于配额初始分配一般发生在每年年中（7—8月），为此省级主管部门需要在每年碳排放核查完成后，即每年4—5月，根据核查后的排放数据及实际产出量对上一年度的初始配额进行调整，对预分配不足的，要予以增加，对初始分配过多的，要予以扣减（见图4-3）。

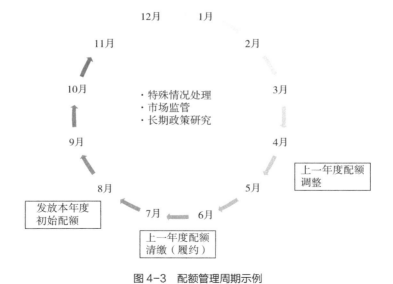

图 4-3　配额管理周期示例

4.2.5　做好企业履约管理

履约工作由省级主管部门负责。为顺利完成每年度的履约任务，省级主管部门需要认真学习研究国家主管部门的相关规定，明确本省履约规则。履约规则应包括抵消配额的使用规则、存储预借规则、履约的时间要求及流程、未履约处罚等。对配额的使用规则需要遵照国家主管部门统一规定，具体的工作流程和要求需要根据国家统一要求进行制定，未履约处罚在国家统一要求的基础上，还可考虑加入省主管部门权限内的处罚，如取消节能先进评比、取消节能专项资金补助、计入企业信用系统等。所有要求及条款都需要向全社会公布。

4.2.6　建立市场监管机制

全国碳市场将实施分级监管。国家碳排放权交易主管部门将会同相关行业主管部门制定配额分配方案和核查技术规范并监督执行。各相关部门根据职责分工分别对第三方核查机构、交易机构等实施监管。地方主管部门监管本辖区内的数据核查、配额分配、重点排放单位履约等工作。各地各部门各司其职、相互配合，确保碳市场规范有序地运行。

为此，省级主管部门需要根据国家相关规定建立监管制度，对参与碳排放权交易市场的纳入企业、投资机构、核查机构等责任主体进行全程监管。制定相应的"守信激励、失信惩戒"管理措施，建立跨部门协同监管和联合惩戒机制，实现对碳排放权交易参与者精准、有效的激励和惩戒，切实维护市场交易秩序。加大对重点排放单位排放数据虚报、瞒报、造假的惩戒力度，同时加大碳市场信息披露力度，鼓励公众及行业协会参与，形成外部监督机制。

4.2.7　建立健全评估机制

根据国内外碳市场发展经验，碳市场的建设与运行是一个边学边做、逐步完善的过程。因此，碳排放权交易主管部门需要建立评估机制，每年对碳市场各个方面的情况进行评估和完善。及时总结好的经验做法，改进工作中存在的不足，有针对性地完善碳排放权交易制度体系，用制度推进建设、规范行为、落实目标、惩罚问责，为建设统一的全国碳市场提供更加完备和有力的制度保障。

具体而言，省级主管部门应对数据报告与核查、配额分配、履约交易等各模块的运行情况进行评估，优化管理流程，降低管理成本；对本省重点排放企业的排放情况、配额盈缺及市场交易情况进行评估，改进配额分配方法，确保碳市场促进减排的有效性。通过评估形成相关政策建议，上报国家主管部门，并在下一年度工作计划中有所体现。通过"计划—执行—检查—纠正"，不断完善碳市场制度，降低全社会减排成本，促进低碳发展。

4.3　落实碳市场保障措施

领导重视是前提，资金支持是关键，能力建设是基础，宣传引导是手段。无论碳市场建设运行处于哪个阶段，这四大保障措施都需贯彻始终。

4.3.1　领导高度重视

碳市场本质是政策性市场，离不开政府层面强有力的政治决心。国内碳排放权交易试点经验表明，地方政府和领导的重视是碳排放权交易工作顺利推进的重要前提。如果政府层面对碳排放权交易市场机制有着较为深入的认识，对减排有较强的意愿和动力，相关立法层级高，那么工作推进就会更加顺利，减排效果也会更加显著。此外，由于碳市场涉及对企业的多种监管，包括生产、排放、核查、交易、履约等诸多环节，仅靠各地主管部门不足以调动足够的资源进行管理，因此需要更高层级的政府领导牵头，建立协调工作机制，确保主管部门和其他有关部门协同管理工作的顺利进行。

4.3.2　加大资金支持

碳市场建设是一项长期任务，需要巨大的资源投入，实施效果好的试点无一例外都付出了巨大的人力和物力。为此，省级主管部门、省财政厅及其他相关部门需要围绕碳市场建设目标，通过财政、CDM 基金等途径加大资金投入，重点支持制度和实施方案研究、数据报送系统建设、基础能力建设及开展核查等方面的工作。利用现有节能减排资金渠道或在政府收支分类科目中增设应对气候变化管理事务科目，将重点企业碳排放报告与核查、统计与核算、碳排放权交易基础培训等工作经费列入年度预算。各市级主管部门也要安排相应的专项资金，保障相关组织协调工作的顺利开展。同时，还应通过国际合作、公私合作等模式寻求资金支持。

4.3.3　强化能力建设

1．强化技术支撑

为提高本地企业参与碳市场的能力，地方政府应大力发展本地碳市场相关服务业，制定专门的碳市场人才培养、就业和创业鼓励机制。充分发挥省内科研院所和高校的作用，加强碳排放权交易科研力量，着力提升技术支撑能力，做好碳排放权交易的技术储备，完善碳排放报告与核查工作体系建设。积极开展配额分配及国家配额分配方案本土化应用、碳排放核算关键问题、碳排放权交易对省重点行业的影响、碳排放权交易对企业竞争力的影响等基础支撑研究。

2. 持续开展能力建设

碳市场作为新兴的减排政策工具，无论是政府部门、控排企业还是核查机构，在参与之初都普遍缺乏相应的知识和经验，因此需要深入开展能力建设。在市场运行完善时期，由于岗位人员变动、国家政策法规和技术标准调整、覆盖范围扩大、交易产品规则变化等原因，地方主管部门需要不定期、多频次地举行有针对性的培训活动，并鼓励控排企业之间加强学习交流。同时，在培训的深度上也应随着市场的运行而不断提高，不断提升相关机构管理碳市场、参与碳排放权交易的能力。

4.3.4　积极宣传引导

1. 重视企业动员

控排企业作为碳市场的重要参与主体，需加强对企业的动员和宣传，及时消除部分企业的不良或抵触情绪。通过培训、研讨会、座谈会、上门访谈等多种方式与企业进行交流沟通，动员控排企业积极参与、配合本省碳市场运行和管理的相关工作，及时、真实、准确地提交碳排放数据，主动配合做好碳排放盘查和核查等工作，倡导企业主动进行碳信息披露。同时，多方面听取企业的意见和建议，让企业充分了解自己在碳市场中的权利和义务，并尝试通过行政或金融等手段进行激励。

2. 做好舆论宣传

积极应对气候变化，加快绿色低碳发展，不但需要政府部门大力推动，更需要社会公众的支持配合和广泛参与。可借助新闻媒体对全社会宣传低碳政策和碳市场，提高公众的低碳发展意识，多渠道普及碳市场相关知识，宣扬先进典型和成熟做法。可结合"全国低碳日""世界环境日"和各类绿色低碳宣传活动，将碳排放权交易宣传作为重点，开展形式多样的宣传教育活动，增强相关企业的社会责任意识，营造良好的社会氛围和市场环境。有条件的地区可尝试推行碳普惠机制，探索构建"三位一体"的多层次复合型碳市场，进一步提升企业和公众对碳减排的重要性和碳市场的认知水平及参与度。

第 5 章

重点排放单位参与
碳排放权交易实操
指南

为应对碳市场带来的挑战，企业最主要的任务集中在构建企业内部的碳管理体系和能力、对自身碳排放数据的准确摸查和分析、跟踪并影响政府决策和实施细节、积极主动参与碳排放权交易等几个方面。在全国碳市场的约束下，企业必须科学统筹，积极有序地开展碳管理的相关工作。

5.1　碳排放管理体系建设

5.1.1　建立专业的组织机构

1. 建立专业的组织机构的好处

全国碳市场启动后，碳管理将成为企业的一项常态化工作。建立专业的组织机构统一管理企业碳排放相关工作，具有以下几个好处。

一是企业层面的统一管理能降低企业的管理成本。以碳市场为主要政策工具的应对气候变化工作本身已经增加了重点排放单位的管理成本，而碳排放数据管理、碳排放权履约等工作分属企业不同的职能部门，如果碳管理工作处于无序的状态，部门间的协调、资源的内部调配、排放数据收集与核算等工作将耗费企业大量的人力与时间成本。

二是采取制度化的统一管理能够提升工作处理效率，并保证碳排放数据核算的完成质量。企业层面的统一管理减少了因为平级部门间的协调所需的时间，同时数据管理有制度可依，降低了基层员工处理碳市场相关工作的难度，并且在质量控制相关制度的协助下可减少数据处理过程中的出错。此外，在统一的核算规则下，不同厂区的负责人提供的数据能够保持一致，不确定性水平也可保持接近。

三是碳管理部门的成立会进一步引导员工想创新、敢创新的意识，推动企业积极应对碳市场工作。设立专门的部门并对其独立考核，将应对碳市场作为该部门的主要工作，激励员工在符合政策的前提下，最大限度地为企业发展献计献策，取得较好的经济效益。企业碳管理水平不断提高，能够精准把握低碳政策的发展脉络，关注低碳行业发展趋势，具有战略创新观念。

碳排放管理部门主要承担以下职能。

» **制定企业的低碳发展规划**。在企业管理层的统筹下，编制企业的低碳发展规划。

» **研究碳市场的最新动向**。跟踪国内外碳市场动向，进行专题研究，保证企业能够及时、准确地获取碳市场最新信息。

» **统筹碳资产开发和购销**。在国际、国内两个市场之间，在企业内部和企业外部之间，以及在现在和未来之间统筹碳资产的开发和购销。

» **统计企业碳排放**。负责企业碳排放的统计工作。对配额碳市场而言，企业碳排放和碳资产是密不可分的。只有全面、准确、及时地了解企业的碳排放情况，才能更好地管理碳资产。

» **管理企业配额**。国内配额碳市场将在"十三五"期间逐步建立，对于配额碳市场参与者而言，配额管理工作至关重要。企业所属排放源的配额应该统一申请、统一调配、统一核算。

2. 建立碳资产管理组织

基于目前国内外企业的实践经验，碳资产管理组织主要有两种不同的形式。一是在集团层面设立的碳资产管理部门；二是独立的碳资产管理公司（碳金融公司）。

（1）总部设立的碳资产管理部门

企业碳资产管理部门是指在集团层面设立的碳资产管理部门。企业碳资产管理部门可以在摸清企业碳排放水平和碳资产家底的基础上，研究制定碳资产经营策略，直接对下属关联企业进行管理，指导企业的碳排放量控制工作、碳资产开发工作和碳排放权交易工作。作为辅助管理层进行管理决策的支撑机构，碳资产管理部门能够为管理层及时、准确地提供企业碳排放情况的数据信息，提高企业在碳市场中的竞争力。

（2）设立独立的碳资产管理公司

独立的碳资产管理公司是指独立于集团的单独的碳资产管理公司。作为独立的法人，碳资产管理公司有相对完善的管理架构，通过内部制度安排与所有下属企业划定清晰的权利、义务边界。设立了独立的碳资产管理公司的典型企业包括华能集团、国电集团、国家电力投资集团、大唐集团。

（3）不同组织形式的优缺点

上述两种主要的碳资产管理组织形式具有各自的优缺点（见表 5-1）。

表 5-1　碳资产管理部门和碳资产管理公司特点对比

	碳资产管理部门	碳资产管理公司
在集团中的位置	属于集团总部层面	独立子公司
管理权限和效率	可直接对下属关联企业进行管理，效率较高	需要建立完备的内部管理制度，理顺与关联电厂的权利和义务关系，管理效率相对较低。为提高效率，可进行充分授权，但经营风险随之增大
规模	较小	较大
运营成本	较低	较高

续表

	碳资产管理部门	碳资产管理公司
业务范围	通常较为有限，可以统筹集团的排放数据填报和碳排放权交易，却难以具体执行碳盘查、碳金融、减排项目开发及其他业务	通常较全面，能够完成碳盘查、排放数据填报管理、碳资产管理、碳排放权交易管理、碳金融、减排项目开发及低碳规划咨询等业务

碳资产管理部门通常设于集团总部，因此对下属各级机构和排放设施进行统筹管理相对更加容易，管理效率也更高。碳资产管理部门通常更适合数据收集、统一化的信息服务和技术指导等类型的业务，涉及碳资产开发、配额交易、履约等涉及资金往来的业务。但是，如果缺少制度安排，则碳资产管理部门难以有效统筹碳资产调配和开展独立的交易活动。

碳资产管理公司为独立的法人，有相对完善的管理架构，通过内部制度安排，可以与所有关联企业划定清晰的权利、义务边界，加上独立法人运作，有助于对团队产生明确的激励，充分发挥碳资产管理的专业化管理优势，也更可能把碳资产管理发展成独立的新型业务和业务增长点。但碳资产管理公司的难点在于需要建立相对复杂的内部制度安排，管理难度和成本相对更高，更适合碳资产管理业务规模比较大的公司，或者期望把碳金融业务开发为新的独立业务的公司。

无论是成立碳资产管理公司还是碳资产管理部门，企业碳资产管理的发展趋势都是在集团层面进行统一化管理。在碳市场发展初期，市场规模较小，流动性较低，碳资产管理部门更有优势。但当碳市场发展到一定程度，尤其是在碳金融相对活跃以后，碳资产管理公司因业务更独立、更全面而更有优势。

3. 建立碳排放管理体系

根据表 5-1，国内外有代表性的电力集团均建立了"集团管理层—碳资产管理团队—二级公司—下属电厂"的碳排放管理体系。集团管理层作为决策者，负责批准碳管理相关工作的决议。碳资产管理团队作为管理者，负责制定碳管理工作实施方案，并对二级公司和下属电厂的碳排放相关工作进行统筹管理。二级公司和下属电厂作为执行者，积极配合碳资产管理团队开展碳管理工作，并定期反馈碳管理情况。

上述碳排放管理体系的意义有以下几个：①有助于集团管理层全面掌握二级公司和下属电厂碳排放的总体情况，确保碳排放管控的全面合规；②有利于碳资产管理团队借助技术支撑机构培养专业化的技术团队，统一管理碳排放相关业务；③可以加强二级公司和下属电厂碳市场工作的参与程度，提高碳管理水平。

该碳排放管理体系职责清晰、分工明确，可有效提高管理效率，降低管理成本，实现碳排放的管控目标和碳资产的增值保值。

5.1.2　企业碳排放管理制度

碳排放涉及企业的方方面面，在建立碳排放专业管理机构的基础上，需要在企业层面建立相关制度，明确碳排放管理机构和企业其他部门和分/子公司的关系，指导相关工作有序进行。建议从以下四个方面着手。

1. 设立低碳发展领导小组

为了更好地应对来自国内外的碳约束，统一协调管理企业在低碳发展方面的工作，需要在企业层面设立低碳发展领导机构。建议在企业设立低碳发展领导小组，领导小组下设办公室或专门机构负责具体的管理工作。

低碳发展领导小组应由企业主要领导及相关部门和子公司领导组成，主要职责是贯彻落实国家及有关部门低碳发展方面的工作部署，对公司系统的低碳发展工作进行统一领导、组织、规划、指导、监督和检查。

企业应将碳排放权交易业务纳入最高决策机制，对参与碳排放权交易的策略目标、行动方案、制度建设、机构设置等重要事项做出决定。碳管理团队负责制定所有重大决策的建议方案，报企业最高决策层批准后，负责具体执行，并定期向决策层报告工作进度。碳管理团队根据其成立职能和权限，制定内部决策机制和管理制度，并作为碳排放权交易业务对内、对外统一的窗口单位，负责统一组织开展碳排放权交易业务。

2. 制定减排目标和考核方案

碳排放权交易的根本目的是促进企业减排，国家在未来也将不断提高有偿分配比例，缩减配额数量，持续增加企业碳排放的压力。因此，重点排放单位需要设立公司层面的减排规划，将节能降碳和公司长期发展相结合，不仅要降低自身生产运营的碳排放，也要考虑自己的产品能不能符合下游客户降碳乃至碳中和的要求。

技术研发和投入是降碳的根本，是碳资源转变为碳资产的技术支撑，因此，企业应做好减排技术、能效技术、低碳解决方案等方面的管理。企业进行投资决策时，应优先考虑相关技术的排放／减排效果，将碳成本纳入投资回报考虑中。

重点排放单位应梳理自己的减排潜力，构建自己的减排成本曲线，对照碳价，实施有经济性的减排选择，并将其作为企业长期发展目标纳入相关规划。一方面，随着碳价的设定和碳排放权交易的开展，有助于激发成熟的碳减排技术进入市场，有效减少碳排放，避免因高排放带来的高额成本负担，为技术革新提供财务或金融上的支持。另一方面，投入存在不可逆转性，高碳技术和设备一旦投入，未来越来越高的碳成本将给企业造成越来越大的压力。不同的减排技术会带来不同的减排成本和减排效果，企业应综合考虑投资回报周期，辅助碳减排技术投资决策，尽早为企业在国内乃至国际竞争中建立长期优势做好储备。

3. 对碳排放数据进行统一管理

对数据采集、数据统计、数据汇总、排放核算、数据存档的整个数据传递链条实行制度化管理，落实责任到人。建立主要耗能、计量器具等设备台账，对设备的型号、序列号、功率、精度、安装位置、安装日期、更换日期、检验日期等进行定期登记。严格执行能源计量器具的相关管理标准。制定数据管理制度，规定碳排放核算相关参数的数据监测方法、记录频次、汇总频次，结合节能减排工作完善能源及其他碳排放核算相关参数的数据报表，形成车间原始记录、月度统计、年度统计等多级碳排放数据统计台账。建立数据质量管理体系，对每一级的数据传递都进行质量控制。在企业层面统一碳排放相关数据的采集与统计要求，确保企业数据统计口径和质量保持一致。

统一企业碳排放核算标准和计算细则，遵循国家公布的企业温室气体核算指南、MRV 专家问询平台公布的对常见问题的解答，加强排放报送人员的业务能力，做好数据支撑文件的复本收集与保存工作。

4. 对碳资产进行统一管理

国内 CCER 面临政策调整的不确定性。面对复杂的国内外环境，应加强对国内外碳市场发展和政策的研判，统筹考虑国家碳排放权交易政策、项目所在地区、项目类型、时间周期、减排量等综合因素，制定合理的减排量项目开发策略。

对于拥有多个控排企业和减排项目的集团，将各企业名下的所有配额和 CCER 视为一个整体，对所持配额、实际排放量及可再生能源项目的 CCER 进行汇总统计，加强分析和预判，确保在每年履约前可提前统一进行碳配额资产的调配，统一组织企业履约，满足低成本履约的需求。

在统一碳资产调配的基础上，应基于利益最大化原则，对碳资产统一开展交易。碳排放权交易统一执行需要在二级市场寻求支持，并遵循如下步骤：①通过内部协议，完成内部调配方案的交易操作，由于不涉及外部的买家或卖家，执行难度较小；②基于内部制定的碳排放权交易策略，由专业的交易团队在二级市场上完成相关交易的操作。统一交易的目标分为两个层次，一是管理碳市场价格波动的风险，锁定碳市场价格风险；二是通过二级市场交易，实现碳资产增值，或者为企业带来新的业务增长点。

　　建立碳排放权交易制度，将交易职能落实到具体的部门和职位，严格按照交易制度进行操作。交易负责人应熟悉配额和 CCER 的交易流程与规则。制度应明确碳排放权的买入与卖出、场内场外交易的工作程序。针对不同的交易资金量，采取差异化的审批流程，基本原则是风险越低的、资金量越小的交易，审批流程越简化，反之则采取多级审批许可，如图 5-1 所示。

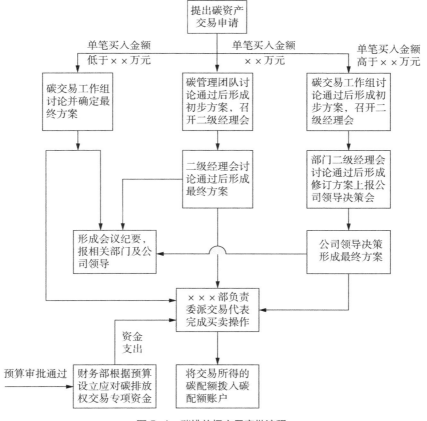

图 5-1　碳排放权交易审批流程

5. 开展能源与碳排放管理体系建设

为支撑企业对碳排放的统一管理，促进各层级人员落实工作安排，应积极开展全企业的能源与碳排放管理体系建设。建议企业针对实际需求和碳管理的具体工作领域，制定以下专用程序文件:《碳排放源识别、监视、测量程序》《碳排放目标、指标制定与管理实施程序》《碳排放核算和报告管理程序》《碳排放核查管理程序》《碳配额管理程序》《碳资产交易管理程序》《低碳服务、产品、设备采购管理程序》。

此外，我国目前能源消费以化石能源为主，碳排放和能源消耗同根同源。企业应积极建立能源管理体系，根据能源管理体系相关标准制定能源管理程序文件。

能源与碳排放管理体系的建设一方面有助于理顺企业应对碳市场需要落实的工作及实施办法，为相关人员提供必要的依据与规范；另一方面在体系建设过程中，需广泛调研各相关部门的现有工作程序并征集相关人员的意见，向相关人员进行必要的概念宣贯、背景介绍及工作方法讲解，因此这也是促进各层级人员有效开展相关能力建设的有效途径。

5.1.3　将碳排放下降纳入工作考核

重点排放单位的降碳工作需要多个部门参与，跨部门间的协调与合作会遭遇阻力；降碳依赖良好的管理与技术革新，需要较大的精力与资金投入。将降碳工作纳入工作考核机制中，可以为目标的落实提供动力，推动员工克服困难，完成目标。

基于企业碳排放管控目标，需要对企业实施的所有应对手段（包括管理方面、技术层面、市场层面等）采取有效的方法进行考核，以督促企业碳排放管控目标的完成。对于目前未包含碳排放管控方面考核要求的企业，建议在建立碳排放管控目标、部署实施具体策略措施的基础上，设立合理有效的碳排放目标考核体系，并根据国家的目标要求不断完善。

在碳排放绩效管理流程的设计上，需要着重落实以下几个方面的内容。

1. 建立多层次的碳排放绩效考核目标

目标是绩效管理的标的，绩效管理的活动都依赖目标的落实。碳排放目标的达成需要企业、分公司、各业务板块具体部门共同完成，因此企业需要针对不同层次的参与者建立各自的绩效考核目标，即将碳排放管控目标逐级分解、深入实践。

2. 完善碳排放绩效考核目标的制定

目标的制定直接影响整个绩效考核体系的实施成效。良好的目标须兼顾碳排放下降的宏观目标和分解目标的可操作性。制定的目标过松，对应对气候变化无益；制定的目标过严，则无法完成，失去绩效考核的激励作用。通过上下结合的方式分解目标，以下级自主上报的目标为基础，根据自上而下制定的总目标进行调整，使汇总后的目标与总目标保持一致。

3. 确保绩效考核的真实性和公正性

碳排放核算方法比较复杂，能源与原料等活动水平的口径及监测方式都有可能影响排放量，对碳排放绩效考核的真实性有较大的影响。建议细化考核制度，统一核算方法，同时要求各级机构负责人和责任人在日常的工作中做好必要的记录，形成碳排放绩效档案，确保年终绩效考核的真实性和公正性。

4. 不断优化碳排放绩效考核体系

世界上没有绝对完美的绩效管理体系，任何企业的绩效管理都需要不断地完善。因此，在考核结束之后，企业应组织有效的诊断，从而发现问题并解决问题，使碳排放绩效考核体系在下一个循环中发挥更大的作用。

5.2 碳排放 MRV 工作内容

5.2.1 碳排放数据监测管理

碳排放数据直接反映了碳排放量数据的真实情况，因此，集团对下属企业在碳排放数据方面应实行统一的监测管理，以保证碳排放量数据的真实性。其中，最主要、最关键的是对碳排放数据活动水平与排放因子的监测管理，包括整个数据获取的链条，即从能源、原料和产品的消耗量测量开始，到监测结果的记录，再到月台账、年度台账的汇总，保证每个环节都没有被遗漏，最好有完善的制度支撑，否则容易出现边界不清、口径不一致等问题，难以通过第三方的核查且造成集团不必要的损失。

在管理过程中最为重要的是建立相应的台账，建立监测设备与计量器具台账；建立并保持有效的数据内部校核与质量控制要求，包括对文件清单、原始资料、检测报告等的要求。从核算边界需求文件、核算基础数据需求文件和其他生产信息数据需求文件三个方面做好文件清单，下面以电力企业为例进行阐述。

> » **核算边界需求文件**：报告主体营业执照、组织机构代码，报告主体平面边界图，报告主体简介（机组容量、投运时间），工艺流程图，设施情况汇总。

> » **核算基础数据需求文件**：①燃料燃烧排放部分有燃煤消耗量月统计表、入炉煤收到基低位发热值月加权平均值、入炉煤收到基元素碳含量月统计表、月度炉渣产量与含碳量统计表、月度飞灰产量与含碳量统计表、除尘系统平均除尘效率、辅助燃料消耗量月度统计表；②过程排放部分有脱硫剂种类及月度消耗量统计；③其他化石燃料燃烧直接排放部分有生产用车和公务用车油耗统计、食堂；④购入电力部分

有年度外购电量统计表。

» **其他生产信息数据需求文件**：年度发电量统计表、年度供电量统计表、年度上网电量统计表、年度供电煤耗统计表、数据对应的发票、交易凭证、合同等文件。

5.2.2　企业碳排放报告

1. 企业碳排放报告的主要内容

国家主管部门对纳入企业碳排放报告的内容和格式规范有较为严格的限制，规定报告中必须包含以下信息。

一是报告主体基本信息。报告中应包括单位名称、单位性质、报告年份、所属行业、组织机构代码、法定代表人、填报负责人、联系人等。

二是温室气体排放量。报告中应包括核算与报告期内的温室气体排放总量，包括化石燃料燃烧、生产过程排放、净购入电力热力间接排放等。

三是活动水平数据及来源。报告中应包括企业所有产品生产所使用的不同品种化石燃料的净消耗量和相应的低位发热量，以及生产过程中的排放源消耗量、净购入电力热力，并说明来源。

四是排放因子数据及来源。报告中应包括消耗的各种化石燃料的单位热值含碳量和碳氧化率、生产过程中排放源的排放因子，以及净购入电力热力排放因子，并说明来源。

五是主要产品列表。报告中应包括企业主要产品名称、计量单位、年度产量及设计产能，同时对相关情况进行说明。

六是主要生产设备信息表。该信息表可反映出企业重要排放源，报告中应对生产设备名称、设备型号、位置，测量设备名称、型号、精度、序列号和设备校准名词进行说明。

七是声明。在报告结尾处，报告主体应对报告的真实性和可靠性做出说明，并承担相应的法律责任。

对于除电力行业外的其他纳入全国碳市场的行业企业，除了按照相应的行业核算指南完成报告内容，还需要按照生态环境部《关于加强企业温室气体排放报告管理相关工作的通知》的要求，同时核算并报告上述核算指南中未涉及的其他相关基础数据（见表 5-2）。相关数据对于国家统计企业产品和排放的基本情况、制定行业基准线有着重要的支撑作用。

表 5-2　2020 年碳排放补充数据核算报告模板

数据汇总表 [1]

基本信息 [2]					主营产品信息 [2]									能源和温室气体排放相关数据 [2]		
名称	统一社会信用代码 [3]	在岗职工总数（人）[4]	固定资产合计（万元）[4]	工业总产值（万元）[4]	行业代码	产品一 [5]			产品二 [5]			产品三 [5]			综合能耗（万吨标煤）[6]	按照核算指南核算的企业法人边界的温室气体排放总量（吨 CO_2e）	按照补充数据核算报告模板填报的 CO_2 排放总量（吨）
						名称	单位	产量	名称	单位	产量	名称	单位	产量			

注：1. 此表适用非发电行业的重点排放单位（企业或其他经济组织）。

2. 如一家企业涉及多个行业生产，应分行填写涉及的行业代码，并按照补充数据核算报告模板填报的 CO_2 排放总量由大到小的顺序排列；产品应填写对应行业代码下的产品。

3. 如企业无统一社会信用代码，请填写组织机构代码；如有变更，请注明曾用代码。

4. 此栏信息不需要核查，与上报统计部门口径一致；固定资产合计按原值计算；工业总产值按当年价格计算，不含税。

5. 请填写《关于加强企业温室气体排放报告管理工作的通知》中所附行业子类覆盖的主营产品，其中对原油加工企业，请填"原油及原料油加工量"。如果相关主营产品多于三个，填报时请自行加列，一一列明并填数。

6. 综合能耗（万吨标准煤）使用统计数据（当量值）。

2. 企业碳排放报告中的注意事项

为确保重点排放单位温室气体核算和报告数据的准确性，企业碳排放数据报告中需要注意以下关键点。

（1）确定边界

» 严格按照核算指南要求，确定与生产过程相关的能源和工业生产过程排放，包括纳入的温室气体种类等。

» 明确排放设施。

» 对企业关闭、停产、合并、分立或产能发生重大变化的情况需要进行说明。

» 注意边界的一致性。

（2）监测数据和报告

» 正确选择核算方法。

» 将直接排放和间接排放区分开。

» 制定详细的数据监测、记录、保存、报告流程等。

» 对数据缺失的处理应保证符合常理等。

» 相关证据的保存。

» 对监测数据进行内部校核等。

（3）监测计划

» 监测设备、监测方法、监测频率均应符合核算指南及相关国家标准的要求。

» 注意数据文件的质量控制与质量保证。

» 当监测计划发生重大变更时，需要上报主管部门备案。

5.2.3　完成碳排放第三方核查

2021 年 3 月，生态环境部印发了《企业温室气体排放报告核查指南（试行）》，其中明确了温室气体的核查程序，包括核查安排、建立核查技术工作组、文件评审、建立现场核查组、实施现场核查、出具核查结论、告知核查结果、保存核查记录八个步骤。作为重点排放单位，配合第三方机构的核查工作是企业碳管理部门的职责之一。健全的碳排放核算和报告管理体系是重点排放单位参与碳市场的重要保障。

1. 建立健全碳排放管理部门体系

（1）明确碳排放管理部门，制定专门人员负责活动水平和排放因子数据的记录、收集和整理工作，以及温室气体报送系统的填报等工作

明确企业碳排放管理部门的职责，应全权负责企业碳排放的核算、报告及配合核查；指定监测小组和技术小组的成员，明确成员责任，监督各个环节的工作；负责与第三方核查机构的沟通及对核查工作的配合；组织内部培训，参与相应的碳排放权交易能力建设等外部培训。

（2）建立相关规章制度，规定对数据的监测、收集和获取过程，确保数据质量

重点排放单位需做好数据记录、收集与整理，对所有的抄表数据做好备份，每月严格存档，方便备查，由专人对数据进行整理、形成报表，包括每日监测数据汇总表、月报表和年报表等。由专人负责所有监测数据、报告及文件的归档工作。所有文件归档前，均应确保签署完整。文档保存应整齐，并整理成册。数据存档分为电子存档和纸质存档，做好长期保存的准备。保存好能源台账、本地统计局能报、本地发展改革委能报及发票等凭证。质量保证和质量控制的实现则需要通过一系列措施保证监测数据的准确性和监测程序的规范性。这些措施主要包括：数据内部校核，监测设备定期校验检定，遵循必要的纠错程序，加强监测系统维护及内部审计。

（3）监测仪器仪表管理

应按照相关标准和规定对监测仪器仪表定期校准、检定。

（4）数据管理

制定针对数据缺失、生产活动变化及报告方法变更的应对措施；建立文档管理规范，保存、维护有关 CO_2 核算的数据文档和数据记录（纸质版和电子版，至少保存 10 年）。

2. 建立健全碳排放核算和报告管理体系

（1）核算与填报

尽早收集与碳排放相关的数据文件，及时填报；记录并保存所填报数据的文件来源，以方便接受核查；填报参照应对气候变化主管部门公布的 24 个重点行业温室气体排放核算指南，年度报告需采用与历史报告同样的报告边界；如在填报阶段遇到问题，应及时与应对气候变化主管部门及相关机构联系询问。

（2）签订核查协议

企业与第三方核查机构联系，按照国家发展改革委要求，需与核查机构签订核查协议（一式三份，企业、核查机构与省级碳排放权交易主管部门各一份）；企业内部提前协调沟通好，尽早将核查协议签字盖章，报送一份至省级碳排放权交易主管部门。

（3）准备核查所需材料

企业与核查机构确认核查文件清单，提前准备好核查所需文件，如：①企业排放报告及历史核查报告、能源台账、能源审计报告、年产值及新增设施产值 / 产量 / 面积（供热、建筑）等信息文件；②化石燃料及电力消耗数据，包括日报表、月报表、生产台账记录及相应的发票等凭证；③能源计量器具一览表、校准报告、设备更换维修记录；④本地统计局能报、本地发展改革委能报；⑤燃料的低位发热值、单位热值含碳量、碳氧化率的监测数据（如有）。为保障及时完成核查工作，应尽快安排现场访问。

（4）配合进行文件评审

提前协调企业内部各有关部门（如生产部、财务部等）配合提供核查所需的文件（纸质和电子版）；如有涉密材料不能提供的，应提前告知核查机构等。

（5）配合进行现场核查

企业相关部门领导应重视核查工作，尽量参与现场首次会议，介绍企业整体排放情况；企业提前协调好内部各部门（如生产部、财务部等）现场配合，安排好固定排放设施、设备（如燃煤锅炉、燃气锅炉、直燃机等）和相关监测装置（如燃气表、电表等）的现场查看及相关人员的现场访谈，企业填报负责人应积极与核查机构充分沟通，共同探讨核算与填报中存在的问题及后续改进的措施。

（6）配合完成核查报告编制

核查机构将根据文件评审和现场核查中发现的问题整理出不符合项清单或整改意见。企业收到不符合项清单后，应尽快补充相关文件或澄清原因，并及时进行核查填报。企业完成网上核查填报后，提交并生成最终排放报告后打印，尽快签字盖章，报送至发展改革委。

（7）配合后续可能的复查

为确保核查机构核查结论的准确性和可靠性，并为配额分配工作提供坚实的支撑，省级碳排放权交易主管部门会定量抽取部分已完成核查工作的企业，委托第三方核查机构对企业进行复查。企业应按主管机构要求，协调配合核查机构进行现场访问及对部分重点排放设施的排放情况进行核查。

企业配合第三方核查工作流程图如图 5-2 所示。

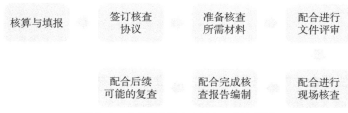

图 5-2 企业配合第三方核查工作流程图

5.3　碳排放履约交易管理

5.3.1　履约账户的管理

配额管理是企业参与碳排放权交易的关键环节，包括配额预分配、碳排放报告报送、第三方核查、配额调整核定和上缴配额等。

首先了解重点排放单位参与碳市场的一般流程。碳市场履约通常以一个自然年为履约期，次年开始履行本年度一系列的碳市场工作。例如，对于 2021 年履约期，2022 年 1—2 月开始对 2021 年的碳排放量进行核算与报告，2022 年 4—5 月配合第三方完成核查与抽查（复查）。2022 年 6 月左右根据审核后的排放量进行履约。根据规则可能需要提交下一年度的监测计划（或修改监测计划的申请）。

重点排放单位参与碳市场的一般流程也是七大试点的流程，全国碳市场未来也有可能向此流程靠拢。通过分析碳市场的一般流程可以发现，完成企业义务的最低要求是完成三项工作：①按时完成上一年度的碳排放核算与报告；②配合第三方完成核查与抽查；③按时提交足够的碳排放权。

重点排放单位需要根据国家主管部门、碳排放权交易所的要求及所需的材料开立相关的账户，包括用于接收、储存、转移碳排放权的注册登记系统账户，以及用于进行碳排放权交易的交易所账户。企业内部需要建立相关制度，设立碳排放权履约管理专员，定人定岗负责操作注册登记系统进行配额管理。注册登记系统的使用详见湖北碳排放权交易中心发布的《全国碳排放权注册登记结算系统操作手册（重点排放单位版）》。注册登记系统在碳排放权交易体系中发挥重要作用，如图 5-3 所示。

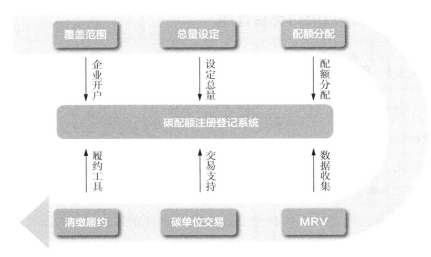

图 5-3 注册登记系统在碳排放权交易体系中发挥重要作用

碳排放权履约管理专员应熟悉以下 5 个方面的内容：①明确本企业的配额分配方法；②明确履约工作流程与时间节点；③做好履约成本测算与财务预算；④明确履约不合规的相关处罚机制；⑤明确注册登记系统的使用办法。

重点排放单位在接收到主管部门下发的配额后，根据配额分配方法进行复核，如果存在异议，可向主管部门提出复议。确定每年接收到的配额数量与分配规则一致，不存在少拿配额的情况。

在收到免费配额后，应对当年的排放量有初步的预判，判断排放量是否与所得免费配额相匹配。为了让履约保持合规，最基础的做法是购入足够的配额。如果存在较大的配额缺口，则需要提前做好到市场购买配额的计划。

5.3.2 交易和结算账户的管理

交易系统和结算系统是配额供需双方最终完成交易的平台，可实现交易资金的结算和管理，同时提供与配额结算业务有关的信息查询和咨询服务，确保交易结果真实可信。这两个系统与碳配额注册登记系统对接以实现配额流转的登记，也需要与银行账户对接来实现资金的转移。主管部门和金融部门可通过交易系统和结算系统实时监管交易活动，防范交易风险。交易系统的具体操作可参考上海环境能源交易所发布的《全国碳排放权交易系统交易客户端用户操作手册》。结算系统的使用方法详见湖北碳排放权交易中心发布的《全国碳排放权注册登记结算系统操作手册（重点排放单位版）》。

碳排放权的交易涉及企业的资金与资产交易，一般由财务部门负责管理。账户管理应由专人负责，最好与注册登记系统的管理员为同一人，或者是同一部门的人员，从而减少部门间配额与 CCER 数量、履约义务的大小等信息的沟通成本。购买配额或 CCER 时，需要走审批流程申请企业资金。如果是简单地单次购入足额的碳排放权，则可以与一般的资金申请使用相同的流程，但是如果碳排放权交易频次较高，则须建立专门的交易制度。

关于企业参与碳市场的交易策略和碳资产管理，将在第 8 章详述。

5.4　加强能力建设

全球应对气候变化已经有 20 多年，但是我国近几年才开始全面铺开气候工作，对大部分企业和工作人员来说，气候变化、低碳发展仍是较为陌生的概念。为了提高企业员工应对气候变化工作的意识，提升相关的工作技能，需要持续开展多层次的、有针对性的能力建设。

5.4.1　不同职位的人员的能力建设内容

（1）集团领导层及各职能部门负责人

集团领导层及各职能部门负责人应该从宏观层面了解应对气候变化的

相关概念，包括低碳经济、气候政策解析等，从深层次了解我国低碳发展转型及企业转型的必要性，了解不同类型企业转型的路径与实践。

（2）职能部门负责人及员工

职能部门负责人及员工应掌握主要气候政策的具体要素设计，从细节上把握政策实施对企业的具体影响。例如，战略投资和产品研发部门需要了解绿色低碳的具体指标，并将其融入企业发展战略和产品研发中；安全环保部门应熟知碳市场运行原理、参与碳市场的主要环节与要求。

（3）工厂负责人及基层工作人员

工厂负责人应了解碳市场配额分配、数据报告与核查等要素，掌握参与碳市场的基础工作内容及分配方式。基层工作人员应熟悉行业碳核算报告体系、第三方核查机构工作流程与要求、节能降碳的措施等具体工作。

表 5-3　不同职位的人员的能力建设内容

职位	能力建设内容
集团领导层及各职能部门负责人	了解低碳经济、宏观气候政策、企业低碳转型案例
职能部门负责人及员工	掌握气候政策的类型，把握相关政策对企业的影响
工厂负责人及基层工作人员	了解应对碳市场的具体措施，包括碳排放核算工作流程及相关标准、第三方核查流程与要求、节能降碳的措施

5.4.2　能力建设方式

常见的能力建设方式包括定制课程、定期培训、内部组织交流分享等，不同的方式都有各自的特点与适用场景。

定制课程包括需求调研、课程设计、师资匹配等环节，课程内容更贴合企业的需求，可通过一系列的培训完成全集团及下属企业的能力建设。由于培训规模较大，所需要的人力、经费及时间成本较高。在接触气候工作初期，各层管理人员及基层员工对低碳发展都较为陌生，可采用定制课程的方式开展培训工作。

定期培训班是指培训机构定期开设的培训班，有标准化的内容和形式，与定制课程相比少了一些针对性，但是具有相当大的灵活性。如果需要对小范围的人员进行培训，可采取这种形式。例如，对碳排放核算与报告负责人员的培训可以通过让其参加定期的碳排放核算系列课程来实现。

内部组织交流分享是指在企业内部为相关的职能部门安排针对某个专题的交流分享，可以对气候政策、碳市场等的相关内容进行宣贯和培训，也可以对某一企业或部门的良好实践进行分享交流。内部组织交流分享的形式比较方便灵活，但是培训内容较为零散，并要求内部人员具有较高的业务水平。

5.5　建设信息化管理工具

5.5.1　信息化管理的优势

碳排放管理是重点排放单位的一项系统性工作，信息化管理能发挥出应有的优势。

首先，信息化管理整合了数据管理制度，间接地要求操作人员必须依据制度完成数据采集、处理、核算等工作；能避免岗位人员变动带来的数据存档问题，完善数据及支撑文件管理的稳定性；能有效地提高数据管理的效率与数据质量，从长期来看能降低企业的管理成本。

其次，通过信息化管理界面可便捷地查询政策执行节点和碳排放权交易动态。第一，信息化系统提供的政策执行节点查询与提醒功能可协助企业按部就班地完成关于碳市场政策的各项工作，降低企业的履约风险。第二，碳市场与其他市场一样，价格受多种因素的影响，价格形成机制复杂。与此同时，碳市场是人为规定形成的市场，受政策影响大，只有紧跟气候政策的动向与碳市场的资讯，才能有效降低市场风险。信息化系统中整合的碳排放权交易动态为企业查询最新的政策动向与资讯提供了便捷的窗口。

最后，信息化管理能为企业提供科学的配额与碳排放管理及决策。数据管理的最终目的是支撑决策。要从数据中提炼信息，将信息转化为科学决策，需要经过大量的碳排放核算，并进行图表分析、制作决策树等。相比人工手段，采用信息化系统完成这些工作可以大大降低时间成本。信息化系统实现了配额与碳排放的联动管理，科学支撑企业低碳发展的决策，指导企业安排生产，优化排放源的管理。

信息化管理中的信息化系统建设非常重要，它将决定管理方不方便，能否达到既定的成效。

5.5.2　信息化系统建设的两大原则

1. 制度先行原则

信息化系统是协助管理的工具，必须建立在完善的制度之上。制度的建立可以解决人员问题，决定谁来负责相关工作；解决工作目的问题，明确需要完成的任务内容；解决工作方式与标准问题，明确工作程序与依据的标准。而信息化系统是站在提供便捷、高效、科学的实现手段的角度，优化问题解决的系统。因此，没有完善的制度建设，信息化系统的建设就没有针对性，系统的功能也会大打折扣，系统开发周期也会被大大拉长。

2. 简单易用原则

如果系统的应用和操作过于复杂，一方面会增加学习使用系统的成本，不便于负责人尽快掌握与应用，影响系统在企业内部的应用推广；另一方面容易造成理解障碍，如不同人员对需要输入的数据类型理解不同，导致数据不一致的情况。因此，在信息化系统的开发过程中应以最简单的方式和逻辑展示用户记录的内容。

5.5.3 信息化碳管理系统的五大模块

1. 排放源管理模块

排放源管理模块包括对企业的排放源类型、设备信息、能耗品种类型等信息的管理。本模块提供排放源添加、编辑、删除、查询等功能。通过分层次、分类型的动态分析，实现排放源的精细化管理。在完善碳排放监测后可实现排放源与碳排放的联动分析。

2. 信息化数据管理模块

信息化数据管理模块提供数据录入、编辑、删除和查询等管理功能。主要包括：能源消费、原料材料消费、过程产品、最终产品等的活动水平及其对应排放因子数据管理功能；分气体种类排放量管理功能；月度、年度报告统计功能；报表查看、导出等功能；分排放源的数据录入、查询等功能；分级管理功能，针对生产线、车间、企业、集团不同层级设置不同的数据管理权限。

3. 信息化文件存档管理模块

信息化文件存档管理模块提供文件导入导出功能，导入文件与相关数据关联，在数据查询的过程中提供导出功能，并且可在不同的页面导出；提供文件储存的分类、路径等管理功能，实现不同层次、不同类型文件的灵活导出功能。

4. 碳市场资讯模块

碳市场资讯模块提供政府部门发布的政策文件查询功能，包括浏览、按关键字搜索、按分类和日期筛选等功能；提供碳排放权交易信息查询功能，可以查询碳价涨跌、成交量大小、碳市场及应对气候变化新闻等信息。

5. 交易履约管理模块

交易履约管理模块提供碳排放权交易的记录查询、碳排放权的账户明细、碳市场履约提醒等功能。交易履约管理包括对分年度的排放量、分配碳配额量、历史结余量、配额及抵消信用净购入和转出量、交易额等信息的管理。

第6章
自愿减排项目实操指南

自愿减排机制是碳市场的重要补充，是除重点排放单位外的主体参与碳市场的重要渠道，也是我国碳市场发展的重点。本章主要介绍能够用于试点碳市场和全国碳市场履约抵消的 CCER，不涉及核证减排标准、黄金标准等国外自愿减排机制。

本章介绍的有关流程为 2015 年 1 月至 2017 年 3 月 CCER 的项目备案和减排量签发流程。CCER 机制于 2017 年 3 月暂停了新项目的申请和减排量的签发，具体流程修改目前仍未完成。因此，本章介绍的内容仅供读者参考，请读者持续关注生态环境部对 CCER 机制修订完善的结果。

6.1 项目基础知识

6.1.1 CCER 项目政策体系

国家发展改革委于 2009 年开展了中国自愿减排交易的研究和文件起草工作。2012 年 6 月，国家发展改革委正式印发了《温室气体自愿减排交易管理暂行办法》，其后又公布了《温室气体自愿减排项目审定与核证指南》，这两份文件基本确立了中国温室气体自愿减排交易项目的申报、审定、备案、核证、签发等工作流程，为自愿减排交易项目的开发提供了依据。

2015 年 1 月，国家自愿减排交易注册登记系统上线，标志着中国温室气体自愿减排交易市场正式运行，CCER 可以用于企业履约。此后，结合试点经验及全国碳市场的相关要求，2016 年国家发展改革委对《温室气体自愿减排交易管理暂行办法》进行了修订，精简了相关工作流程，为全国碳市场在制度建设、技术储备和人才培养方面做了积极准备。

2017 年 3 月，由于存在温室气体自愿减排交易量小、个别项目不够规范等问题，国家发展改革委发布了《国家发展改革委关于暂停受理温室气体自愿减排交易 5 个事项备案申请的公告》暂缓受理温室气体自愿减排交易方法学、项目、减排量、审定与核证机构、交易机构备案申请。2018 年 3 月，应对气候变化职能从国家发展改革委转隶到生态环境部，中国温室气体自愿减排交易的主管机构也随之发生变化。2019 年 6 月，生态环境部发布了《大型活动碳中和实施指南（试行）》，推荐通过使用包括 CCER 在内的自愿碳减排指标实现碳中和。2020 年 12 月，《碳排放权交易管理暂行办法（试行）》提出，重点排放单位每年可以使用 CCER 抵消碳排放配额的清缴，抵消比例不得超过应清缴碳排放配额的 5%，CCER 明确纳入全国碳排放权交易市场。2021 年 3 月，生态环境部出台了《关于公开征求〈碳排放权交易管理暂行条例（草案修改稿）〉意见的通知》，指出可再生能源、林业碳汇、甲烷利用等项目的实施单位可以申请国务院生态环境主管部门组织对其项目产生的温室气体削减排放量进行核证。该条例重新纳入自愿减排核证机制，温室气体自愿减排交易管理办法有望修订，相关方法学、项目等将重新开启申请审核，为后续全国碳排放权市场提供有效的补充。中国温室气体自愿减排交易重要进展如表 6-1 所示。

表 6-1　中国温室气体自愿减排交易重要进展

时间	中国温室气体自愿减排交易项目重要进展
2012 年 6 月 13 日	国家发展改革委颁布《温室气体自愿减排交易管理暂行办法》
2012 年 9 月 21 日	国家发展改革委颁布《温室气体自愿减排项目审定与核证指南》

续表

时间	中国温室气体自愿减排交易项目重要进展
2013 年 10 月 24 日	中国自愿减排交易信息平台上线，发布 CCER 项目审定、备案及签发等相关信息
2014 年 12 月 10 日	国家发展改革委颁布《碳排放权交易管理暂行办法》
2015 年 1 月 14 日	温室气体自愿减排交易注册登记系统正式上线运行
2017 年 3 月 14 日	国家发展改革委发布《国家发展和改革委员会关于暂缓受理温室气体自愿减排交易 5 个事项备案申请的公告》，CCER 新项目开发暂缓，进入完善阶段
2019 年 6 月 14 日	生态环境部发布《大型活动碳中和实施指南（试行）》，推荐通过使用包括 CCER 在内的自愿碳减排指标实现碳中和
2021 年 1 月	生态环境部发布《碳排放权交易管理办法（试行）》
2021 年 3 月 30 日	生态环境部发布《关于公开征求〈碳排放权交易管理暂行条例（草案修改稿）〉意见的通知》
2021 年 4 月 26 日	国务院发布《关于建立健全生态产品价值实现机制的意见》，鼓励健全碳排放权交易机制，探索碳汇权益交易试点

6.1.2　试点自愿减排机制介绍

各地方碳市场均认可 CCER 用于企业履约。此外，北京、广东和福建还允许使用除 CCER 外的自愿碳减排产品进行履约。重点排放单位、项目业主和投资机构开展项目开发和减排量交易时，一定要注意各地关于使用减排量抵消排放的规定。

1. 地方自愿减排指标种类的限制

北京设计了节能项目碳减排量和林业碳汇项目碳减排量两个本地的自愿减排指标。其中，节能项目碳减排量指允许北京市内非控排企业对其特定类型的节能技改项目、合同能源管理项目或清洁生产项目所产生的节能量所对应的碳减排量进行开发，这种设计为加强节能量交易、合同能源管理、碳排放权交易等节能减排市场机制之间的联系进行了新的尝试。林业碳汇项目在获得北京市主管部门项目碳减排量的确认并按照《温室气体自愿减排交易管理暂行办法》相关要求向国家主管部门申请 CCER 项目备案后，可获得北京市主管部门预签发的 60% 经核证的减排量。

福建引入了本省林业碳汇项目。根据《福建省碳排放权抵消管理办法（试行）》，林业碳汇项目开发必须按照国家发展改革委或省发展改革委备案发布的方法学实施，经主管部门批准后产生福建林业碳汇减排量，用于抵消纳入碳市场范围控排企业的实际碳排放。目前，已备案发布的林业碳汇项目方法学主要有碳汇造林项目方法学、森林经营碳汇项目方法学、竹林经营碳汇项目方法学等。

广东引入了碳普惠机制。其省级碳普惠核证自愿减排量作为碳市场的有效补充机制，可用于抵消纳入广东地方碳市场范围控排企业的实际碳排放。目前，已有三批共 5 个省级碳普惠方法学成功备案，覆盖森林保护、森林经营、分布式光伏发电等项目类型。

2. 自愿减排指标使用比例的限制

各地方碳市场均允许控排企业使用一定量的自愿减排指标来抵扣其年度配额清缴义务，允许使用的比例从 1% 到 10% 不等。同时，各地对自愿减排指标使用比例的规定有所不同，主要有排放量和配额量两大类，其中配额量还分为初始配额量和核发总配额量两种。最严格的是上海，要求不超过年度基础配额量的 1%。其次是北京，要求不超过当年核发配额量的 5%。重庆要求不超过年度审定排放量的 8%。福建规定林业碳汇项目减排量不超过当年经确认的排放量的 10%，其他类型项目减排量不超过当年经确认的排放量的 5%。其他地方碳市场要求不超过年度排放量或初始配额量的 10%。

3. 自愿减排项目类型的限制

各地方碳市场均对允许控排企业用于履约的自愿减排指标项目类型有限制。上海、北京、天津、广东、重庆均不允许使用水电项目产生的减排量。北京禁止工业气体（HFCs、PFCS、N_2O、SF_6）项目产生的减排量。广东要求只能使用 CO_2、CH_4 的减排比例占项目减排量 50% 以上的项目产生的减排量，同时限制使用除煤层气外的化石能源的发电、供热和余能利用项目产生的减排量。湖北的抵消机制在 2015 年只禁止使用大、中型水电类项目产生的减排量，从 2016 年开始规定只能使用农村沼气、林业类项目产生的减排量。

4. 自愿减排指标产生区域的限制

北京、广东、湖北等地方碳市场对其控排企业用于履约的自愿减排指标须产自本地项目有相关要求，即本地化要求。北京的本地化要求为 50%，京外项目产生的核证自愿减排量不得超过其当年核发配额量的 25%，优先使用河北、天津等与本市签署应对气候变化、生态建设、大气污染治理等相关合作协议的地区的核证自愿减排量。2015 年一季度在北京碳市场上交易数万吨的林业碳汇项目即来自承德。广东的本地化要求为 70% 以上。湖北和福建的本地化要求最高，要求 100%。其中湖北 2015 年 4 月颁布的相关规定中允许适度使用与湖北签署了碳市场合作协议的省市项目（年度用于抵消的 CCER 不高于 5 万 CO_2e），但并未明确合作协议的对象；2016 年 7 月发出的相关通知中规定项目必须位于本省连片特困地区；2018 年 6 月则进一步收窄项目区域为长江中游城市群（湖北）区域的贫困县（包括国定和省定）。

5. 自愿减排指标产生时间的限制

对于自愿减排指标的产生时间，上海、北京、天津、广东、湖北、重庆和福建均有限制。上海、北京和天津要求自愿减排指标产生时间必须在 2013 年 1 月 1 日之后。由于国家自愿减排交易注册登记系统没有记录每单位减排量对应的时间信息，仅按批次记录减排量签发的起止时间信息，因此需明确在限制时间前后跨期签发的减排量能否使用的问题。针对该问题，上海、北京和天津等地区均明确规定跨期项目不能使用，即所有核证减排量均应产生于 2013 年 1 月 1 日后。湖北则根据每年的市场配额供需情况设置了不同的要求，2016 年要求项目计入期为 2015 年 1 月 1 日—12 月 31 日，2017 年和 2018 年则变为 2013 年 1 月 1 日—2015 年 12 月 31 日。广东禁止第三类项目的使用。重庆规定自愿减排项目必须是 2011 年后投运的。福建规定项目应当于 2005 年 2 月 16 日之后开工建设。

6. 自愿减排项目指标避免重复计算的限制

各地方碳市场还有一个共同的限制条件，即禁止本地区企业使用本地区控排企业产生的自愿减排指标。该规则的目的是避免碳排放配额和自愿减排指标的双重计算和激励不合理的问题。但由于地方碳市场规制权力的局限，各地方碳市场并未能限制其他地方碳市场控排企业的减排项目在本地区企业的使用，导致存在跨市场双重计算的问题。该问题只能依靠国家层面统筹解决。

地方碳市场的抵消机制设计汇总表如表 6-2 所示。

表 6-2　地方碳市场的抵消机制设计汇总表

	使用比例	信用类型	地域限制	时间、类型限制
深圳	不超过年度排放量的 10%	CCER	指定了风力发电、太阳能发电及垃圾焚烧发电项目的省份；优先和本市签署碳排放权交易合作协议的省份和地区；农林项目不受地区限制	可再生能源和新能源项目（风力发电项目、太阳能发电项目、垃圾焚烧发电项目、农村户用沼气和生物质发电项目）、清洁交通减排项目、海洋固碳减排项目、林业碳汇项目、农业减排项目
上海	不超过年度基础配额数量的 1%	CCER	无	2013 年 1 月 1 日后实际产生的减排量；水电项目除外

续表

	使用比例	信用类型	地域限制	时间、类型限制
北京	不超过当年核发配额量的 5%	CCER、节能项目碳减排量、林业碳汇项目碳减排量	京外产生的核证自愿减排量不得超过企业当年核发配额量的 25%，优先使用来自与本市签署合作协议地区的核证自愿减排量	CCER、节能项目减排量于 2013 年 1 月 1 日后实际产生；碳汇项目于 2005 年 2 月 16 日后开始实施；HFCs、PFCs、N_2O、SF_6 气体及水电项目除外
广东	不超过年度排放量的 10%	CCER，省级碳普惠核证自愿减排量	70% 以上的核证自愿减排量来自省内项目	CO_2、CH_4 占 50%；水电，煤、油和天然气（不含煤层气）等化石能源的发电、供热和余能（含余热、余压、余气）利用项目除外；第三类项目除外
天津	不超过年度排放量的 10%	CCER	优先使用京津冀地区产生的减排量	2013 年 1 月 1 日后实际产生的减排量；水电项目除外
湖北	不超过年度初始配额量的 10%（未备案减排量按不高于项目有效计入期内减排量 60% 的比例抵消）	CCER	长江中游城市群（湖北）区域的贫困县（包括国定和省定）	农村沼气、林业类项目；计入期为 2013 年 1 月 1 日—2015 年 12 月 31 日
重庆	不超过年度过审定排放量的 8%	CCER	无	2010 年 12 月 31 日后投入运行（碳汇项目不受此限制）；水电项目除外
福建	林业碳汇项目减排量不得超过当年经确认的排放量的 10%；其他类型项目减排量不得超过当年经确认的排放量的 5%	CCER、福建林业碳汇减排量	福建省内项目	非水电项目产生的减排量；仅来自 CO_2、CH_4 气体的项目减排量

6.2 CCER 项目开发流程

减排项目要想申请成为 CCER 项目并签发减排量，需要按照国家主管部门规定的相关流程进行项目开发。本节提到的相关内容为国家发展改革委暂缓受理温室气体自愿减排交易项目备案申请之前的规定，旨在帮助读者对 CCER 项目开发有所了解。未来 CCER 机制重启后，具体的流程和标准以主管部门公布的为准。

CCER 项目的开发流程在很大程度上沿袭了 CDM 项目的框架和思路，主要包括 6 个步骤，依次是编制项目设计文件、项目审定、项目备案、项目实施与监测、减排量核证、减排量备案签发。项目业主首先向国家主管部门申请，并由专门的审核机构核查该减排项目，项目核准通过后备案。经备案的 CCER 项目产生减排量后，项目业主再次申请核查并于通过后获得减排量签发，待国家发展改革委将项目发布到 CCER 登记系统上即可交易。CCER 项目主要参与者的职责介绍与项目开发流程分别如表6-3 和图6-1所示。

表 6-3　CCER 项目主要参与者的职责

主要参与者	相关职责
项目业主	项目的实施与监测
咨询机构	协助项目业主编制项目设计文件及监测报告
审定与核证机构（第三方机构）	实施项目的审定与核证
省级（国家）发展改革部门	初审备案申请材料的完整性和真实性
国家主管机构	作为最高决策机构，制定实施细则、备案方法学、审定与核证机构、交易机构，批准项目备案及减排量签发

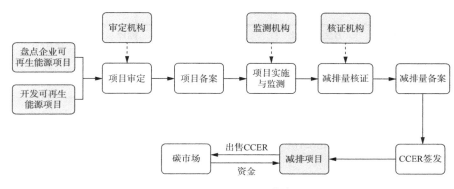

图 6-1　CCER 项目开发流程

截至 2021 年 12 月，共有 200 个方法学成功获得备案，其中 173 个为 CDM 方法学转化，27 个为新开发方法学，具体如表 6-4 所示。

需要注意的是，未来 CCER 机制重启后，方法学也有可能出现变化，部分方法学面临失效和调整的风险，项目业主需要随时关注政策变化。

表 6-4　备案项目常用方法学

序号	CDM 方法学编号	方法学编号 方法学编号	方法学名称	翻译 版本号	备注
1	ACM0002	CM-001-V01	可再生能源联网发电	13.0.0 版	（第一批）备案
2	ACM0005	CM-002-V01	水泥生产中增加混材的比例	7.1.0 版	（第一批）备案
3	ACM0008	CM-003-V01	回收煤层气、煤矿瓦斯和通风瓦斯用于发电、动力、供热和 / 或通过火炬或无焰氧化分解	7.0 版	（第一批）备案
4	ACM0011	CM-004-V01	现有电厂从煤和 / 或燃油到天然气的燃料转换	2.2 版	（第一批）备案
5	ACM0012	CM-005-V01	通过废能回收减排温室气体	4.0.0 版	（第一批）备案
6	ACM0013	CM-006-V01	使用低碳技术的新建并网化石燃料电厂	5.0.0 版	（第一批）备案
7	ACM0014	CM-007-V01	工业废水处理过程中温室气体减排	5.0.0 版	（第一批）备案

续表

序号	CDM 方法学编号	方法学编号 方法学编号	方法学名称	翻译版本号	备注
8	ACM0015	CM-008-V01	应用非碳酸盐原料生产水泥熟料	3.0 版	（第一批）备案
9	ACM0019	CM-009-V01	硝酸生产过程中所产生 N_2O 的减排	1.0.0 版	（第一批）备案
10	AM0001	CM-010-V01	HFC-23 废气焚烧	6.0.0 版	（第一批）备案
11	AM0019	CM-011-V01	替代单个化石燃料发电项目部分电力的可再生能源项目	2.0 版	（第一批）备案
12	AM0029	CM-012-V01	并网的天然气发电	3.0 版	（第一批）备案
13	AM0034	CM-013-V01	硝酸厂氨氧化炉内的 N_2O 催化分解	5.1.1 版	（第一批）备案
14	AM0037	CM-014-V01	减少油田伴生气的燃放或排空并用作原料	2.1 版	（第一批）备案
15	AM0048	CM-015-V01	新建热电联产设施向多个用户供电和 / 或供蒸汽并取代使用碳含量较高燃料的联网 / 离网的蒸汽和电力生产	3.1.0 版	（第一批）备案
16	AM0049	CM-016-V01	在工业设施中利用气体燃料生产能源	3.0 版	（第一批）备案
17	AM0053	CM-017-V01	向天然气输配网中注入生物甲烷	3.0.0 版	（第一批）备案
18	AM0044	CM-018-V01	在工业或区域供暖部门中通过锅炉改造或替换提高能源效率	2.0.0 版	（第一批）备案
19	AM0058	CM-019-V01	引入新的集中供热一次热网系统	3.1 版	（第一批）备案
20	AM0064	CM-020-V01	地下硬岩贵金属或基底金属矿中的甲烷回收利用或分解	3.0.0 版	（第一批）备案
21	AM0070	CM-021-V01	民用节能冰箱的制造	3.1.0 版	（第一批）备案
22	AM0072	CM-022-V01	供热中使用地热替代化石燃料	2.0 版	（第一批）备案

序号	CDM 方法学编号	方法学编号 方法学编号	方法学名称	翻译 版本号	备注
23	AM0087	CM–023–V01	新建天然气电厂向电网或单个用户供电	2.0 版	（第一批）备案
24	AM0089	CM–024–V01	利用汽油和植物油混合原料生产柴油	1.1.0 版	（第一批）备案
25	AM0099	CM–025–V01	现有热电联产电厂中安装天然气燃气轮机	1.1.0 版	（第一批）备案
26	AM0100	CM–026–V01	太阳能—燃气联合循环电站	1.1.0 版	（第一批）备案
27	AMS–I.C.	CMS–001–V01	用户使用的热能，可包括或不包括电能	19.0 版	（第一批）备案、小型项目
28	AMS–I.D.	CMS–002–V01	联网的可再生能源发电	17.0 版	（第一批）备案、小型项目
29	AMS–I.F.	CMS–003–V01	自用及微电网的可再生能源发电	2.0 版	（第一批）备案、小型项目
30	AMS–I.G	CMS–004–V01	植物油生产并在固定设施中用作能源	1.0 版	（第一批）备案、小型项目
31	AMS–I.H	CMS–005–V01	生物柴油生产并在固定设施中用作能源	1.0 版	（第一批）备案、小型项目
32	AMS–II.A	CMS–006–V01	供应侧能源效率提高—传送和输配	10.0 版	（第一批）备案、小型项目
33	AMS–II.B	CMS–007–V01	供应侧能源效率提高—生产	9.0 版	（第一批）备案、小型项目
34	AMS–II.D	CMS–008–V01	针对工业设施的提高能效和燃料转换措施	12.0 版	（第一批）备案、小型项目
35	AMS–II.F	CMS–009–V01	针对农业设施与活动的提高能效和燃料转换措施	10.0 版	（第一批）备案、小型项目
36	AMS–II.G	CMS–010–V01	使用不可再生生物质供热的能效措施	4.0 版	（第一批）备案、小型项目
37	AMS–II.J	CMS–011–V01	需求侧高效照明技术	4.0 版	（第一批）备案、小型项目
38	AMS–II.L.	CMS–012–V01	户外和街道的高效照明	01 版	（第一批）备案、小型项目

续表

序号	CDM 方法学编号	方法学编号 方法学编号	方法学名称	翻译 版本号	备注
39	AMS–II.N	CMS–013–V01	在建筑内安装节能照明和／或控制装置	1.0 版	（第一批）备案、小型项目
40	AMS–II.O	CMS–014–V01	高效家用电器的扩散	1.0 版	（第一批）备案、小型项目
41	AMS–III.AN	CMS–015–V01	在现有的制造业中的化石燃料转换	2.0 版	（第一批）备案、小型项目
42	AMS–III.AO	CMS–016–V01	通过可控厌氧分解进行甲烷回收	1.0 版	（第一批）备案、小型项目
43	AMS–III.AU	CMS–017–V01	在水稻栽培中通过调整供水管理实践来减少甲烷的排放	3.0 版	（第一批）备案、小型项目
44	AMS–III.AV	CMS–018–V01	低温室气体排放的水净化系统	3.0 版	（第一批）备案、小型项目
45	AMS–III.Z	CMS–019–V01	砖生产中的燃料转换、工艺改进及提高能效	4.0 版	（第一批）备案、小型项目
46	AMS–III.BB	CMS–020–V01	通过电网扩展及新建微型电网向社区供电	1.0 版	（第一批）备案、小型项目
47	AMS–III.D	CMS–021–V01	动物粪便管理系统甲烷回收	19.0 版	（第一批）备案、小型项目
48	AMS–III.G	CMS–022–V01	垃圾填埋气回收	8.0 版	（第一批）备案、小型项目
49	AMS–III.L	CMS–023–V01	通过控制的高温分解避免生物质腐烂产生甲烷	2.0 版	（第一批）备案、小型项目
50	AMS–III.M	CMS–024–V01	通过回收纸张生产过程中的苏打减少电力消费	2.0 版	（第一批）备案、小型项目
51	AMS–III.Q.	CMS–025–V01	废能回收利用（废气／废热／废压）项目	4.0 版	（第一批）备案、小型项目
52	AMS–III.R	CMS–026–V01	家庭或小农场农业活动甲烷回收	3.0 版	（第一批）备案、小型项目
53		AR–CM–001–V01	碳汇造林项目方法学		（第二批）备案、林业
54		AR–CM–002–V01	竹子造林碳汇项目方法学		（第二批）备案、林业

续表

序号	CDM 方法学编号	方法学编号 方法学编号	方法学名称	翻译 版本号	备注
55	ACM0007	CM–027–V01	单循环转为联合循环发电	06.1.0 版	（第三批）备案、常规
56	ACM0016	CM–028–V01	快速公交项目	03.0.0 版	（第三批）备案、常规
57	AM0009	CM–029–V01	燃放或排空油田伴生气的回收利用	06.0.0 版	（第三批）备案、常规
58	AM0014	CM–030–V01	天然气热电联产	4.0 版	（第三批）备案、常规
59	AM0028	CM–031–V01	硝酸或己内酰胺生产尾气中 N_2O 的催化分解	05.1.0 版	（第三批）备案、常规
60	AM0031	CM–032–V01	快速公交系统	04.0.0 版	（第三批）备案、常规
61	AM0035	CM–033–V01	电网中的 SF_6 减排	01 版	（第三批）备案、常规
62	AM0061	CM–034–V01	现有电厂的改造和 / 或能效提高	2.1 版	（第三批）备案、常规
63	AM0088	CM–035–V01	利用液化天然气气化中的冷能进行空气分离	1.0 版	（第三批）备案、常规
64	AM0097	CM–036–V01	安装高压直流输电线路	1.0.0 版	（第三批）备案、常规
65	AM0102	CM–037–V01	新建联产设施将热和电供给新建工业用户并将多余的电上网或者提供给其他用户	1.0.0 版	（第三批）备案、常规
66	AM0107	CM–038–V01	新建天然气热电联产电厂	2.0 版	（第三批）备案、常规
67	AM0017	CM–039–V01	通过蒸汽阀更换和冷凝水回收提高蒸汽系统效率	2.0 版	（第三批）备案、常规
68	AM0020	CM–040–V01	抽水中的能效提高	2.0 版	（第三批）备案、常规
69	AM0023	CM–041–V01	减少天然气管道压缩机或门站泄漏	4.0.0 版	（第三批）备案、常规

续表

序号	CDM 方法学编号	方法学编号 方法学编号	方法学名称	翻译 版本号	备注
70	AM0043	CM–042–V01	通过采用聚乙烯管替代旧铸铁管或无阴极保护钢管减少天然气管网泄漏	2.0 版	（第三批）备案、常规
71	AM0046	CM–043–V01	向住户发放高效的电灯泡	2.0 版	（第三批）备案、常规
72	AM0050	CM–044–V01	合成氨–尿素生产中的原料转换	3.0.0 版	（第三批）备案、常规
73	AM0055	CM–045–V01	精炼厂废气的回收利用	2.0.0 版	（第三批）备案、常规
74	AM0063	CM–046–V01	从工业设施废气中回收 CO_2，替代 CO_2 生产中的化石燃料使用	1.2.0 版	（第三批）备案、常规
75	AM0065	CM–047–V01	镁工业中使用其他防护气体代替 SF_6	2.1 版	（第三批）备案、常规
76	AM0071	CM–048–V01	使用低 GWP 值制冷剂的民用冰箱的制造和维护	2.0 版	（第三批）备案、常规
77	AM0074	CM–049–V01	利用以前燃放或排空的渗漏气为燃料新建联网电厂	3.0.0 版	（第三批）备案、常规
78	AM0078	CM–050–V01	在 LCD 制造中安装减排设施以减少 SF_6 排放	2.0.0 版	（第三批）备案、常规
79	AM0090	CM–051–V01	货物运输方式从公路运输转变到水运或铁路运输	1.1.0 版	（第三批）备案、常规
80	AM0091	CM–052–V01	新建建筑物中的能效技术及燃料转换	1.0.0 版	（第三批）备案、常规
81	AM0092	CM–053–V01	半导体行业中替换清洗化学气相沉积（CVD）反应器的全氟化合物（PFC）气体	1.0.0 版	（第三批）备案、常规
82	AM0096	CM–054–V01	半导体生产设施中安装减排系统以减少 CF_4 排放	1.0.0 版	（第三批）备案、常规

续表

序号	CDM 方法学编号	方法学编号 方法学编号	方法学名称	翻译版本号	备注
83	ACM0017	CM–055–V01	生产生物柴油作为燃料使用	2.1.0 版	（第三批）备案、常规
84	AM0018	CM–056–V01	蒸汽系统优化	3.0.0 版	（第三批）备案、常规
85	AM0021	CM–057–V01	现有己二酸生产厂中的 N_2O 分解	3.0 版	（第三批）备案、常规
86	AM0027	CM–058–V01	在无机化合物生产中以可再生来源的 CO_2 替代来自化石或矿物来源的 CO_2	2.1 版	（第三批）备案、常规
87	AM0030	CM–059–V01	在原铝冶炼中通过降低阳极效应减少 PFC 排放	4.0.0 版	（第三批）备案、常规
88	AM0045	CM–060–V01	独立电网系统的联网	2.0 版	（第三批）备案、常规
89	AM0051	CM–061–V01	硝酸生产厂中 N_2O 的二级催化分解	2.0 版	（第三批）备案、常规
90	AM0059	CM–062–V01	减少原铝冶炼炉中的温室气体排放	1.1 版	（第三批）备案、常规
91	AM0062	CM–063–V01	通过改造透平提高电厂的能效	2.0 版	（第三批）备案、常规
92	AM0076	CM–064–V01	在现有工业设施中实施的化石燃料三联产项目	1.0 版	（第三批）备案、常规
93	AM0077	CM–065–V01	回收排空或燃放的油井气并供应给专门终端用户	1.0 版	（第三批）备案、常规
94	AM0079	CM–066–V01	从检测设施中使用气体绝缘的电气设备中回收 SF_6	2.0 版	（第三批）备案、常规
95	AM0095	CM–067–V01	基于来自新建钢铁厂的废气的联合循环发电	1.0.0 版	（第三批）备案、常规
96	AM0098	CM–068–V01	利用氨厂尾气生产蒸汽	1.0.0 版	（第三批）备案、常规
97	AM0101	CM–069–V01	高速客运铁路系统	1.0.0 版	（第三批）备案、常规

续表

序号	CDM 方法学编号	方法学编号 方法学编号	方法学名称	翻译 版本号	备注
98	ACM0003	CM-070-V01	水泥或者生石灰生产中利用替代燃料或低碳燃料部分替代化石燃料	7.4.1 版	（第三批）备案、常规
99	AM0007	CM-071-V01	季节性运行的生物质热电联产厂的最低成本燃料选择分析	1.0 版	（第三批）备案、常规
100	ACM0022	CM-072-V01	多选垃圾处理方式	1.0.0 版	（第三批）备案、常规
101	AM0036	CM-073-V01	供热锅炉使用生物质废弃物替代化石燃料	4.0.0 版	（第三批）备案、常规
102	AM0038	CM-074-V01	硅合金和铁合金生产中提高现有埋弧炉的电效率	3.0.0 版	（第三批）备案、常规
103	ACM0006	CM-075-V01	生物质废弃物热电联产项目	12.1.0 版	（第三批）备案、常规
104	AM0042	CM-076-V01	应用来自新建的专门种植园的生物质进行并网发电	2.1 版	（第三批）备案、常规
105	ACM0001	CM-077-V01	垃圾填埋气项目	13.0.0 版	（第三批）备案、常规
106	AM0054	CM-078-V01	通过引入油／水乳化技术提高锅炉的效率	2.0 版	（第三批）备案、常规
107	AM0056	CM-079-V01	通过对化石燃料蒸汽锅炉的替换或改造提高能效，包括可能的燃料替代	1.0 版	（第三批）备案、常规
108	AM0057	CM-080-V01	生物质废弃物用作纸浆、硬纸板、纤维板或生物油生产的原料以避免排放	3.0.1 版	（第三批）备案、常规
109	AM0060	CM-081-V01	通过更换新的高效冷却器节电	1.1 版	（第三批）备案、常规
110	AM0066	CM-082-V01	海绵铁生产中利用余热预热原材料减少温室气体排放	2.0 版	（第三批）备案、常规

序号	CDM 方法学编号	方法学编号 方法学编号	方法学名称	翻译 版本号	备注
111	AM0067	CM-083-V01	在配电网中安装高效率的变压器	2.0 版	（第三批）备案、常规
112	AM0068	CM-084-V01	改造铁合金生产设施以提高能效	1.0 版	（第三批）备案、常规
113	AM0069	CM-085-V01	生物基甲烷用作生产城市燃气的原料和燃料	2.0 版	（第三批）备案、常规
114	AM0073	CM-086-V01	通过将多个地点的粪便收集后进行集中处理来减排温室气体	1.0 版	（第三批）备案、常规
115	ACM0009	CM-087-V01	从煤或石油到天然气的燃料替代	4.0.0 版	（第三批）备案、常规
116	AM0080	CM-088-V01	通过在有氧污水处理厂处理污水来减少温室气体排放	1.0 版	（第三批）备案、常规
117	AM0081	CM-089-V01	将焦炭厂的废气转化为二甲醚并用作燃料，减少其火炬燃烧或排空	1.0 版	（第三批）备案、常规
118	ACM0010	CM-090-V01	粪便管理系统中的温室气体减排	2.0.0 版	（第三批）备案、常规
119	AM0083	CM-091-V01	通过现场通风避免垃圾填埋气排放	1.0.1 版	（第三批）备案、常规
120	ACM0018	CM-092-V01	纯发电厂利用生物废弃物发电	2.0.0 版	（第三批）备案、常规
121	ACM0020	CM-093-V01	在联网电站中混燃生物质废弃物产热和／或发电	1.0.0 版	（第三批）备案、常规
122	AM0093	CM-094-V01	通过被动通风避免垃圾填埋场的垃圾填埋气排放	1.0.1 版	（第三批）备案、常规
123	AM0094	CM-095-V01	以家庭或机构为对象的生物质炉具和／加热器的发放	2.0.0 版	（第三批）备案、常规
124	AMS-I.J	CMS-027-V01	太阳能热水系统（SWH）	1.0 版	（第三批）备案、小型项目

序号	CDM 方法学编号	方法学编号 方法学编号	方法学名称	翻译 版本号	备注
125	AMS–I.K	CMS–028–V01	户用太阳能灶	1.0 版	（第三批）备案、 小型项目
126	AMS–II.E	CMS–029–V01	针对建筑的提高能效 和燃料转换措施	10.0 版	（第三批）备案、 小型项目
127	AMS–III.AQ.	CMS–030–V01	在交通运输中引入生 物压缩天然气	1.0 版	（第三批）备案、 小型项目
128	AMS–II.K	CMS–031–V01	向商业建筑供能的热 电联产或三联产系统	2.0 版	（第三批）备案、 小型项目
129	AMS–III.AG	CMS–032–V01	从高碳电网电力转换 至低碳化石燃料的使用	2.0 版	（第三批）备案、 小型项目
130	AMS–III.AR	CMS–033–V01	使用 LED 照明系统替 代基于化石燃料的照明	3.0 版	（第三批）备案、 小型项目
131	AMS–III.AY	CMS–034–V01	现有和新建公交线路 中引入液化天然气汽车	1.0 版	（第三批）备案、 小型项目
132	AMS–I.B.	CMS–035–V01	用户使用的机械能， 可包括或不包括电能	10.0 版	（第三批）备案、 小型项目
133	AMS–I.L.	CMS–036–V01	使用可再生能源进行 农村社区电气化	1.0 版	（第三批）备案、 小型项目
134	AMS–II.H.	CMS–037–V01	通过将向工业设备提 供能源服务的设施集中 化提高能效	3.0 版	（第三批）备案、 小型项目
135	AMS–II.I.	CMS–038–V01	来自工业设备的废弃 能量的有效利用	1.0 版	（第三批）备案、 小型项目
136	AMS–III.AA	CMS–039–V01	使用改造技术提高交 通能效	1.0 版	（第三批）备案、 小型项目
137	AMS–III.AB	CMS–040–V01	在独立商业冷藏柜中 避免 HFC 的排放	1.0 版	（第三批）备案、 小型项目
138	AMS–III.AE	CMS–041–V01	新建住宅楼中的提高 能效和可再生能源利用	1.0 版	（第三批）备案、 小型项目
139	AMS–III.AI	CMS–042–V01	通过回收已用的硫酸 进行减排	1.0 版	（第三批）备案、 小型项目
140	AMS–III.AK	CMS–043–V01	生物柴油的生产和运 输目的使用	1.0 版	（第三批）备案、 小型项目

续表

序号	CDM 方法学编号	方法学编号 方法学编号	方法学名称	翻译 版本号	备注
141	AMS–III.AL	CMS–044–V01	单循环转为联合循环发电	1.0 版	（第三批）备案、小型项目
142	AMS–III.AM	CMS–045–V01	热电联产/三联产系统中的化石燃料转换	2.0 版	（第三批）备案、小型项目
143	AMS–III.AP	CMS–046–V01	通过使用适配后的怠速停止装置提高交通能效	2.0 版	（第三批）备案、小型项目
144	AMS–III.AT	CMS–047–V01	通过在商业货运车辆上安装数字式转速记录器提高能效	2.0 版	（第三批）备案、小型项目
145	AMS–III.C	CMS–048–V01	通过电动和混合动力汽车实现减排	13.0 版	（第三批）备案、小型项目
146	AMS–III.J	CMS–049–V01	避免工业过程使用通过化石燃料燃烧生产的 CO_2 作为原材料	3.0 版	（第三批）备案、小型项目
147	AMS–III.K	CMS–050–V01	焦炭生产由开放式转换为机械化，避免生产中的甲烷排放	5.0 版	（第三批）备案、小型项目
148	AMS–III.N	CMS–051–V01	聚氨酯硬泡生产中避免 HFC 排放	3.0 版	（第三批）备案、小型项目
149	AMS–III.P	CMS–052–V01	冶炼设施中废气的回收和利用	1.0 版	（第三批）备案、小型项目
150	AMS–III.S	CMS–053–V01	商用车队中引入低排放车辆/技术	3.0 版	（第三批）备案、小型项目
151	AMS–III.T	CMS–054–V01	植物油的生产及在交通运输中的使用	2.0 版	（第三批）备案、小型项目
152	AMS–III.U	CMS–055–V01	在大运量快速交通系统中使用缆车	1.0 版	（第三批）备案、小型项目
153	AMS–III.W	CMS–056–V01	非烃采矿活动中甲烷的捕获和销毁	2.0 版	（第三批）备案、小型项目
154	AMS–III.X	CMS–057–V01	家庭冰箱的能效提高及 HFC–134a 回收	2.0 版	（第三批）备案、小型项目
155	AMS–I.A.	CMS–058–V01	用户自行发电类项目	15.0 版	（第三批）备案、小型项目

续表

序号	CDM 方法学编号	方法学编号 方法学编号	方法学名称	翻译 版本号	备注
156	AMS–III.AC.	CMS–059–V01	使用燃料电池进行发电或产热	1.0 版	（第三批）备案、小型项目
157	AMS–III.AH.	CMS–060–V01	从高碳燃料组合转向低碳燃料组合	1.0 版	（第三批）备案、小型项目
158	AMS–III.AJ.	CMS–061–V01	从固体废物中回收材料及循环利用	3.0 版	（第三批）备案、小型项目
159	AMS–I.E	CMS–062–V01	用户热利用中替换非可再生的生物质	4.0 版	（第三批）备案、小型项目
160	AMS–I.I	CMS–063–V01	家庭 / 小型用户应用沼气 / 生物质产热	4.0 版	（第三批）备案、小型项目
161	AMS–II.C	CMS–064–V01	针对特定技术的需求侧能源效率提高	13.0 版	（第三批）备案、小型项目
162	AMS–III.V.	CMS–065–V01	钢厂安装粉尘 / 废渣回收系统，减少高炉中焦炭的消耗	1.0 版	（第三批）备案、小型项目
163	AMS–III.A.	CMS–066–V01	现有农田酸性土壤中通过大豆 – 草的循环种植中，通过接种菌的使用减少合成氮肥的使用	2.0 版	（第三批）备案、小型项目
164	AMS–III.AD.	CMS–067–V01	水硬性石灰生产中的减排	1.0 版	（第三批）备案、小型项目
165	AMS–III.AF	CMS–068–V01	通过挖掘并堆肥部分腐烂的城市固体垃圾（MSW）来避免甲烷的排放	1.0 版	（第三批）备案、小型项目
166	AMS–III.AS	CMS–069–V01	在现有生产设施中从化石燃料到生物质的转换	1.0 版	（第三批）备案、小型项目
167	AMS–III.AW	CMS–070–V01	通过电网扩张向农村社区供电	1.0 版	（第三批）备案、小型项目
168	AMS–III.AX	CMS–071–V01	在固体废弃物处置场建设甲烷氧化层	1.0 版	（第三批）备案、小型项目
169	AMS–III.B.	CMS–072–V01	化石燃料转换	16.0 版	（第三批）备案、小型项目
170	AMS–III.BA	CMS–073–V01	电子垃圾回收与再利用	1.0 版	（第三批）备案、小型项目

续表

序号	CDM 方法学编号	方法学编号 方法学编号	方法学名称	翻译 版本号	备注
171	AMS–III.Y.	CMS–074–V01	从污水或粪便处理系统中分离固体以避免甲烷排放	3.0 版	（第三批）备案、小型项目
172	AMS–III.F.	CMS–075–V01	通过堆肥避免甲烷排放	11.0 版	（第三批）备案、小型项目
173	AMS–III.H.	CMS–076–V01	废水处理中的甲烷回收	16.0 版	（第三批）备案、小型项目
174	AMS–III.I.	CMS–077–V01	废水处理过程通过使用有氧系统替代厌氧系统来避免甲烷的产生	8.0 版	（第三批）备案、小型项目
175	AMS–III.O.	CMS–078–V01	使用从沼气中提取的甲烷制氢	1.0 版	（第三批）备案、小型项目
176		AR–CM–003–V01	森林经营碳汇项目方法学		（第三批）备案、林业
177		AR–CM–004–V01	可持续草地管理温室气体减排计量与监测方法学		（第三批）备案、草地管理
178		CM–096–V01	气体绝缘金属封闭组合电器 SF_6 减排计量与监测方法学		（第四批）备案、常规、新开发
179		CM–097–V01	新建或改造电力线路中使用节能导线或电缆		（第五批）备案、大规模
180		CM–098–V01	电动汽车充电站及充电桩温室气体减排方法学		（第五批）备案、常规
181		CM–099–V01	小规模非煤矿区生态修复项目方法学		（第五批）备案、小型项目
182		AR–CM–005–V01	竹林经营碳汇项目方法学		（第六批）备案
183		CM–100–V01	废弃农作物秸秆替代木材生产人造板项目减排方法学		（第六批）备案
184		CM–101–V01	预拌混凝土生产工艺温室气体减排基线和监测方法学		（第六批）备案

续表

序号	CDM 方法学编号	方法学编号 方法学编号	方法学名称	翻译 版本号	备注
185		CM-102-V01	特高压输电系统温室气体减排方法学		（第六批）备案
186		CM-103-V01	焦炉煤气回收制液化天然气（LNG）方法学		（第六批）备案
187		CMS-079-V01	配电网中使用无功补偿装置温室气体减排方法学		（第六批）备案
188		CMS-080-V01	在新建或现有可再生能源发电厂新建储能电站		（第六批）备案
189		CMS-081-V01	反刍动物减排项目方法学		（第七批）备案
190		CMS-082-V01	畜禽粪便堆肥管理减排项目方法学		（第七批）备案
191		CM-104-V01	利用建筑垃圾再生微粉制备低碳预拌混凝土减少水泥比例项目方法学		（第七批）备案
192		CMS-083-V01	保护性耕作减排增汇项目方法学		（第八批）备案
193		CM-105-V01	公共自行车项目方法学		（第九批）备案
194		CMS-084-V01	生活垃圾辐射热解处理技术温室气体排放方法学		（第十批）备案
195		CMS-085-V01	转底炉处理冶金固废生产金属化球团技术温室气体减排方法学		（第十批）备案
196		CMS-086-V01	采用能效提高措施降低车船温室气体排放方法学		（第十批）备案
197		CM-106-V01	生物质燃气的生产和销售方法学		（第十批）备案
198		CM-107-V01	利用粪便管理系统产生的沼气制取并利用生物天然气温室气体减排方法学		（第十一批）备案

序号	CDM 方法学编号	方法学编号 方法学编号	方法学名称	翻译 版本号	备注
199		CM–108–V01	蓄热式电石新工艺温室气体减排方法学		（第十二批）备案
200		CM–109–V01	气基竖炉直接还原炼铁技术温室气体减排方法学		（第十二批）备案

6.2.1 编制项目设计文件

项目设计文件是 CCER 项目开发的起点。项目设计文件是申请 CCER 项目的必要依据，是体现项目合格性并进一步计算与核证减排量的重要参考。项目设计文件需要按照国家发展改革委网站上提供的最新格式和填写指南编制。2014 年 2 月底，国家发展改革委根据国内开发 CCER 项目的具体要求，开发了项目设计文件的模板（第 1.1 版）并在信息平台公布。项目设计文件可以由项目业主自行撰写，也可由咨询机构协助项目业主完成。

项目设计文件的主要内容如下。

1. 项目的一般性说明

项目一般性说明包括项目名称、项目描述、项目参与者、项目技术说明、项目地点、项目类别、项目将采用的技术等，同时简要说明所建议的 CCER 项目将如何实现温室气体减排、估计年减排量，并说明减排的额外性。

2. 基准线的确定

参照国家发改委批准的基准线方法，项目设计文件需要说明本项目所选择的基准线方法和理由及其具体应用，说明本项目温室气体排放量如何低于基准线的排放水平，以及项目的边界是如何定义的，从而解释为何本项目的减排量是额外的。

3. CCER 项目额外性要求

《温室气体自愿减排项目审定与核证指南》指出，除项目已经在联合国 CDM 下已经注册为 CDM 项目或所适用的方法学有特别的规定外，应论证项目的额外性要求。

额外性要求是指项额外的减排量在没有拟议的减排项目活动是不会产生的。额外性的论证方式通常可分为普遍性分析和障碍分析。首先通过普遍性分析证明项目活动不具备普遍性。若项目无法证明，则进行障碍分析来确定拟议的项目活动的基线情景并论证其额外性（见图 6-2）。

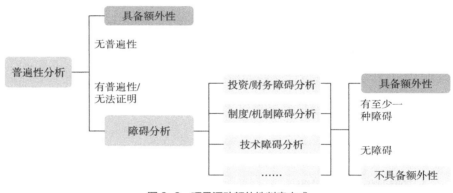

图 6-2　项目活动额外性判定方式

（1）普遍性分析

在拟开展项目活动的地区或相似地区（相似的地理位置、环境条件、社会经济条件及投资环境等），根据具有可比性的实体或机构（如公司、国家政府、地方政府等）普遍实施的类似的项目活动，证明拟议项的目活动不是普遍性做法。

（2）障碍分析

如果拟议的项目活动属于普遍性做法，或者无法证明拟议的项目活动不是普遍性做法，则项目参与者须通过"障碍分析"来确定拟议的项目活动的基线情景并论证其额外性。常见的障碍分析包括投资/财务障碍分析、制度/机制障碍分析、技术障碍分析等，项目参与者只要能证明至少有一种障碍存在，就可证明所议的项目活动具有额外性。

4. CCER 项目计入期要求

不同的 CCER 项目类型计入期有所不同。计入期是指项目情景相对于基线情景产生额外的温室气体减排量的时间区间。考虑到技术进步、产业结构、能源构成和政策等因素对基准线有重要影响，CCER 项目活动产生的减排量将随上述因素的变化而变化，从而使 CCER 项目的投资和减排效益充满了种种不确定性和风险，事先也难以界定。为此，《温室气体自愿减排项目审定与核证指南》规定项目参与者可从两个备选的计入期期限中选择一个：固定计入期和可更新计入期。

（1）固定计入期

项目活动的减排额计入期期限和起始日期只能一次性确定，即该项目活动完成登记后不能更新或延长。在这种情况下，一项拟议的 CCER 项目活动的计入期最长可达 10 年。

（2）可更新计入期

一个单一的计入期最长为 7 年。这一计入期最多可更新两次（即最长为 21 年），条件是每次更新时指定的经营实体确认原项目基准线仍然有效或已经根据所使用的新数据加以更新，并通知执行理事会。第一个计入期的起始日期和期限须在项目登记之前确定。

此外，已经在联合国 CDM 下注册的减排项目可选择补充计入期，补充计入期从项目运行之日起开始（但不早于 2005 年 2 月 16 日），截止至 CDM 计入期开始时间。

不同类型的项目选择计入期的方式往往不同。如垃圾焚烧项目一般使用固定计入期和可更新计入期，使用补充计入期的较少；秸秆发电项目一般使用可更新计入期和补充计入期，比例相对均衡，较少使用固定计入期；光伏发电项目绝大部分选择可更新计入期；风力发电项目大部分使用可更新计入期，部分使用补充计入期。不同类型项目的计入期选择分布如图 6-3 所示。

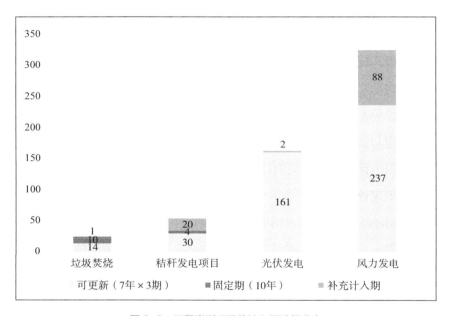

图 6-3　不同类型项目的计入期选择分布

6.2.2　项目审定

完成项目设计文件的编制后，由项目业主或咨询机构委托国家发展改革委批准备案的审定机构依据《温室气体自愿减排交易管理暂行办法》、《温室气体自愿减排项目审定与核证指南》和选用的方法学，按照规定的程序和要求开展独立审定。

项目审定程序可细分为 7 个环节，由项目业主或技术咨询机构跟踪项目审定工作，并及时反馈审定机构就项目提出的问题和澄清项，修改、完善项目设计文件。对于审定合格的项目，审定机构出具正面的审定报告。

6.2.3 项目备案

项目经审定后，项目业主向国家发展改革委申请项目备案。项目业主企业（央企除外）需经过省级发改委初审后转报国家发展改革委，国家发展改革委委托专家进行评估，并依据专家评估意见对自愿减排项目备案申请进行审查，对符合条件的项目予以备案。

1. 项目备案途径

《温室气体自愿减排交易管理暂行办法》规定，不同类型的项目业主申请自愿减排项目备案的途径不同。

» 国务院国有资产监督管理委员会管理的直接涉及温室气体减排的中央企业（包括其下属企业、控股企业），直接向国家发展改革委申请自愿减排项目备案，名单由国家主管部门制定、调整和发布。此名单已在《温室气体自愿减排交易管理暂行办法》中以附件的形式注明。

» 未列入名单的企业法人，通过项目所在省、自治区、直辖市发展改革部门提交自愿减排项目备案申请，省、自治区、直辖市发展改革部门就备案材料的完整性和真实性提出意见后转报国家主管部门。

2. 项目备案类型

《温室气体自愿减排交易管理暂行办法》规定，属于以下任一类别的 2005 年 2 月 16 日之后开工建设的项目即可申请备案。

» 采用经国家主管部门备案的方法学开发的自愿减排项目。

» 获得国家发展改革委批准为 CDM 项目但未在联合国 CDM 执行理事会注册的项目。

» 获得国家发展改革委批准为 CDM 项目且在联合国 CDM 执行理事会

注册前产生减排量的项目。

» 在联合国 CDM 执行理事会注册但减排量未获得签发的项目。

6.2.4　项目实施与监测

项目备案后，项目业主根据项目设计文件、项目对应的方法学等要求开展减排活动。同时项目业主按备案的项目设计文件、监测计划、监测手册实施项目监测活动，测量 CCER 项目实际减排量，并编写项目监测报告，准备核证所需的支持性文件，用于申请减排量核证和备案。

6.2.5　减排量核查与核证

经过备案的项目在产生减排量之后，项目业主在向国家主管机构申请减排量备案签发前，需要由经国家主管部门备案的核证机构进行核证，出具减排量核证报告。项目业主或技术咨询机构陪同、跟踪项目核证工作，并及时反馈核证机构就项目提出的问题，修改、完善项目监测报告。对于审核合格的项目，核证机构出具项目减排量核证报告。

6.2.6　减排量备案签发

完成减排量核查与核证后，由项目业主直接向国家发展改革委提交减排量备案申请材料。国家发展改革委委托专家进行评估，并依据专家评估意见对自愿减排项目减排量备案申请材料进行联合审查，对符合要求的项目给予减排量备案签发，在国家自愿减排交易注册登记系统中予以登记。经过备案的减排量成为核证自愿减排量，单位为吨 CO_2 当量。在完成项目减排量的备案之后，温室气体减排量即可在经批准的各个交易所内进行交易，用于抵消企业的排放量。在交易完成之后，减排量在国家自愿减排交易注册登记系统内予以注销。

6.3 CCER 项目开发周期与成本

6.3.1 项目开发周期

当前 CCER 项目可分为 4 类，第一类项目为采用经国家主管部门备案的方法学开发的自愿减排项目；第二类项目为获得国家发展改革委批准为 CDM 项目但未在联合国 CDM 执行理事会注册的项目；第三类项目为获得国家发展改革委批准为 CDM 项目且在联合国 CDM 执行理事会注册前产生减排量的项目；第四类项目为在联合国 CDM 执行理事会注册但减排量未获得签发的项目。

第一类项目为项目业主新开发项目，开发周期相对较长。据此估算，一个 CCER 项目的开发周期最少需要 5 个月。在整个项目开发过程中，还要考虑不同类型项目的开发难易程度、项目业主与咨询机构及第三方机构的沟通过程、审定及核证程序中的澄清不符合要求的情况，以及编写审定、核证报告及内部评审等环节的成本时间。因此，通常情况下一个 CCER 项目的开发周期都会超过 5 个月。除上述项目开发流程外，一个 CCER 项目要成功备案并获得减排量签发，还需要经过生态环境部的审核批准。由上述项目审定及减排量签发程序可以推算出国家主管部门组织专家评估并进行审核批准的时间周期为 60～120 个工作日，即需要 3～6 个月的时间。

综上所述，正常情况下，一个 CCER 项目从着手开发到最终实现减排量签发，其周期最短也要 8 个月。

6.3.2 项目开发成本

CCER 项目开发的成本主要有两部分，分别是项目开发费用与 CCER

交易费用。

1. 项目开发费用

CCER 项目早期阶段的支出主要包括温室气体减排项目设计文件编制、审定核查服务费，具体费用明细如表 6-6 所示。

表 6-6　项目开发费用明细

服务类型	预估费用（万元）	备注
项目设计文件编制	15 ~ 40	视项目类型、复杂程度而定
项目审定	5 ~ 20	视项目类型、复杂程度而定
项目核查	5 ~ 20	视项目类型、复杂程度而定

2.CCER 交易费用

碳排放权交易所收费模式与股票交易所类似，收取交易服务费用。不同的碳排放权交易所收取的服务费也存在差别。

当前国家共批准了北京绿色交易所、上海环境能源交易所、深圳排放权交易所、湖北碳排放权交易中心、广州碳排放权交易中心、天津碳排放权交易所、重庆碳排放权交易中心、四川联合环境交易所、海峡股权交易中心 9 家交易场所对接国家自愿减排交易注册登记系统开展 CCER 交易。各个交易所普遍采用双向收费，费率从交易额的万分之八到千分之七不等。未来 CCER 机制重启后，CCER 交易场所、交易流程和相关费用尚未明确，请读者密切关注政策变化。

第 7 章
第三方核查机构实操指南

▼

　　重点排放单位受到碳价约束，有动机少报总排放量以降低履约费用，在某些情况下，也有动机多报排放量以获得更多的免费配额。CCER 项目业主也有动机多报减排量以获得更多利益。因此，通过第三方核查机构核实重点排放单位和 CCER 项目报告的信息的准确性和可靠性至关重要。

　　我国第三方核查产业从 CDM 时期开始发育，加上自 2013 年以来碳排放权交易试点每年超过 2 000 家企业和 2016 年以来全国每年超过 7 000 家企业的核查需求，目前已经培养了一批具有一定经验和工作能力的第三方核查机构和核查员。

　　为保障第三方核查机构和核查人员的工作质量，生态环境部制定了相关标准和工作流程，并随着核查工作的深入不断完善。本章将从第三方核查机构参与全国碳市场核查及 CCER 审定核证的角度，介绍第三方核查相关的标准和流程。需要注意的是，核查工作由省级主管部门管理，各省的具体操作略有差异。CCER 审定核证为 CCER 机制暂停前的要求，CCER 机制重启后如有变动，以官方文件为准。

7.1　全国碳市场第三方核查机构实操指南

7.1.1　第三方核查机构法律体系和技术标准

1. 法律体系

核查是根据行业温室气体排放核算指南及相关技术规范，对重点排放单位报告的温室气体排放量和相关信息进行全面核实、查证的过程，是确保碳市场数据真实、完整、可靠的基础。自 2010 年以来，我国陆续发布了《碳排放权交易管理暂行条例（草案修改稿）》《碳排放权交易管理办法（试行）》《企业温室气体排放报告核查指南（试行）》《全国碳排放权交易第三方核查机构及人员参考条件》等一系列政策性文件，以指导和推动我国第三方核查监管制度建设，逐步形成了以管理条例为核心、以管理办法为统领、以一系列规范性文件为抓手的全国碳市场第三方核查基本制度框架。

2021 年发布的《碳排放权交易管理暂行条例（草案修改稿）》拟订，省级生态环境主管部门在接到重点排放单位温室气体排放报告之日起 30 个工作日内组织核查，并在核查结束之日起 7 个工作日内向重点排放单位反馈核查结果。核查结果作为重点排放单位碳排放配额的清缴依据。同时，省级生态环境主管部门可以通过政府购买服务的方式，委托技术服务机构开展核查。核查技术服务机构对核查结果的真实性、完整性和准确性负责。如果核查技术服务机构弄虚作假，将由省级生态环境主管部门解除委托关系，并将相关信息记入其信用记录，同时纳入全国信用信息共享平台向全社会公布。情节严重的，三年内禁止其从事温室气体排放核查技术服务。

由于上位法尚在不断推动过程中，2020 年 12 月 31 日发布的《碳排放权交易管理办法（试行）》是碳核查的实际管理办法。《碳排放权交易管理办法（试行）》约定了全国碳市场中排放核查的总体要求。为进一步规范全国碳市场企业温室气体排放报告与核查活动，生态环境部在 2021 年 3 月 26 日配套发布了《企业温室气体排放报告核查指南（试行）》，规定了重点排放单位温室气体排放报告的核查原则和依据、核查程序和要点、核查复核及信息公开等内容。

2. 技术标准

《企业温室气体排放报告核查指南（试行）》明确规定，重点排放单位温室气体排放报告的核查应遵循客观独立、诚实守信、公平公正、专业严谨的原则，并依据《碳排放权交易管理办法（试行）》、生态环境部发布的工作通知、生态环境部制定的温室气体排放核算指南、相关标准和技术规范开展核查工作。现有的温室气体核算方法包括国家主管部门公布的 24 个行业企业温室气体排放核算指南、随主管部门通知公布的碳排放核算补充数据表、监测计划等。

7.1.2 第三方核查机构管理办法

1. 第三方核查机构选取条件

国家应对气候变化主管部门对第三方核查机构的选取有严格的规范。国家发展改革委 2016 年发布的《关于切实做好全国碳排放权交易市场启动重点工作的通知》附件 4《全国碳排放权交易第三方核查机构及人员参考条件》中规定了主管部门对第三方核查机构、核查员应该具备的能力条件和原则规范的参考要求，实际工作中各省（市）的碳核查第三方机构的选取由各省（市）主管部门确定。

（1）基本条件

» 应具有独立法人资格。企业注册资金不少于 500 万元，事业单位 / 社会团体开办资金不少于 300 万元。

» 应具有固定的工作场所，以及开展核查工作所需的设施和办公条件。

» 应具备充足的专业人员及完善的人员管理程序，以确保其有能力在获准的专业领域开展核查工作；应确保符合核查员要求的专职人员至少有 10 名；所申请的每个专业领域至少有 2 名核查员。

» 应具备健全的组织结构、完善的财务制度，并具有应对风险的能力，确保对其核查活动可能引发的风险能够采取合理、有效的措施，并承担相应的经济和法律责任。第三方核查机构应具备开展核查活动所需的稳定财务收入并建立相应的风险基金或保险（风险基金或保额均应与业务规模相适应）。

（2）核查业绩和经验

第三方核查机构应在温室气体核查领域具有良好的核查业绩和经验，可以是 CDM 执行理事会批准的指定经营实体，或者是经国家碳市场主管部门备案的温室气体自愿减排项目审定与核证机构，或者是在碳排放权交易试点省市备案的碳排放核查机构，或者是在省市级碳排放权交易主管部门备案的重点企事业单位温室气体排放报告第三方核查机构、节能量审计机构，且近 3 年在国内完成的 CDM 项目或自愿减排项目的审定与核查、碳排放权交易试点核查、各省市重点企事业单位温室气体排放报告与核查、ISO 14064 企业温室气体核查等领域项目总计不少于 20 个。

对于无上述审定或核证经历的机构，应在温室气体减排、清单编制、碳排放报告核算和核查等应对气候变化领域独立完成至少 1 个国家级或 3 个省级研究课题；或者经国家碳排放权交易主管部门组织的专家委员会评估认定合格。

（3）内部管理制度

第三方核查机构应具备完善的内部管理制度，管理核查业务的有关活动。

» 有完整的组织结构，并明确管理层和核查人员的任务、职责、权限。

» 指定一名高级管理人员作为核查事务负责人。

» 有完善的质量管理制度，包括人员管理，核查活动管理，文件和记录管理，申诉、投诉和争议处理，保密管理，不符合及纠正措施处理，以及内部审核和管理评审等相关制度。

> » 有严格的公正性管理制度，确保其不参加与核查服务存在利益冲突的活动，确保其高级管理人员及实施核查的人员不参加任何可能影响其客观独立判断的活动。

> » 有完善的保密管理制度，确保其相关部门和人员对从事核查活动时获得的信息予以保密，并通过签署具有法律效力的协议落实保密管理制度，法律规定的特殊情况除外。

（4）利益冲突

第三方核查机构与从事碳资产管理和碳排放权交易的企业不能存在资产和管理方面的利益关系，如隶属于同一个上级机构等。第三方核查机构不能参与任何与碳资产管理和碳排放权交易相关的活动，如代重点排放单位管理配额交易账户，通过交易机构开展配额和自愿减排量的交易，或者提供碳资产管理和碳排放权交易咨询服务等。

（5）不良记录

第三方核查机构在以前的核查工作或其所从事的其他业务中不能有渎职、欺诈、泄密等不良记录。

2. 第三方核查机构公正性要求

《全国碳排放权交易第三方核查机构及人员参考条件》规定，成功申请第三方核查机构资质后，第三方核查机构应建立并实施公正性管理程序，分析潜在的和实际的利益冲突并采取措施避免其发生。

（1）管理层面的公正性要求

在管理层面，第三方核查机构应采取如下措施。

> » 最高管理者应承诺在核查过程中保持公正。

> » 以协议或其他方式要求所有核查人员公正核查。

> » 定期对本机构的财务和收入来源进行评审，证实其公正性不受影响。

> » 建立公正性委员会，定期评审其公正性。

（2）实施层面的公正性要求

在实施层面，核查机构应避免以下几个问题。

» 与受核查方存在资产、管理和人员方面的利益关系，如隶属同一个上级机构，共享管理人员或 5 年内互聘过管理人员等。

» 为受核查方同时提供核查服务和碳排放核算、监测、报告和校准等相关咨询服务。

» 使用存在利益冲突的核查人员，如该人员在过去三年之内与受核查方存在雇佣关系或为其提供过相关碳咨询服务等。

» 收受和给予商业贿赂，如接受任何可能影响核查结论真实性的商业贿赂，或者为签署核查协议而给予受核查方商业贿赂等。

» 与碳咨询单位或碳排放权交易机构通过业务互补，联合开发市场业务。

» 将核查流程中的某个环节外包给其他机构。

为确保核查工作公平公正、客观独立地开展，2021 年，《企业温室气体排放报告核查指南（试行）》再次规定了第三方技术服务机构不应开展的活动，主要包括以下几项。

» 向重点排放单位提供碳排放配额计算、咨询或管理服务。

» 接受任何对核查活动的客观性和公正性产生影响的资助、合同或其他形式的服务或产品。

» 参与碳资产管理、碳排放权交易的活动，或者与从事碳咨询和交易的单位存在资产和管理方面的利益关系。

» 为重点排放单位提供有关温室气体排放和减排、监测、测量、报告和校准的咨询服务。

» 使用具有利益冲突的核查人员，如 3 年之内与被核查重点排放单位之间存在雇佣关系或为被核查的重点排放单位提供过温室气体排放或碳排放权交易的咨询服务等。

» 宣称或暗示若使用指定的咨询或培训服务，对重点排放单位的排放报
告的核查将更为简单、容易等。

3. 第三方核查机构核查员参考条件

（1）通用要求

» 中华人民共和国公民。

» 大学本科及以上学历。

» 个人信用良好，无任何违法违规从业记录。

» 不得同时受聘于两家或以上的核查机构。

（2）知识和技能要求

» 掌握碳排放相关的法律法规和标准知识。

» 掌握碳排放核算方法及活动数据和排放因子的监测和核算方法。

» 熟知核查工作程序、原则和要求。

» 熟知数据与信息核查的方法、风险控制、抽样要求及内部质量控制
体系。

» 能够运用适当的核查方法，对数据和信息进行评审，并做出专业判断。

» 除满足上述 5 条要求外，专业核查员还应掌握所核查行业特定的工
艺、排放设施及排放源识别和控制等方面的专业知识。

» 除满足上述前 5 条要求外，核查组长还应具有代表核查组与委托方沟
通、管理核查组、控制核查风险及做出核查结论的能力。

（3）核查业绩和经验要求

» 在温室气体核算、CDM 项目审定与核查、自愿减排项目审定与核查、
ISO 14064 企业温室气体核查、试点碳排放权交易企业碳排放核查、
节能量审核中的一个或多个领域具有 2 年（含）以上的咨询或审核经
验，并作为组长或技术负责人主持项目累计不少于 2 个，或者作为组
员参与项目审核或咨询不少于 5 个。

» 除满足上述要求外，专业核查员还需要在专业领域范围内具有一年的工作经验，可包括与工艺相关的工作经验、与碳排放相关的咨询或核查工作经验。

7.1.3 第三方核查机构核查程序

具体的核查程序包括核查安排、建立核查技术工作组、文件评审、建立现场核查组、实施现场核查、出具《核查结论》、告知核查结果、保存核查记录 8 个步骤。

1. 核查安排

» 省级生态环境主管部门应综合考虑核查任务、进度安排及所需资源，组织开展核查工作。

» 省级生态环境主管部门确定是否通过政府购买服务的方式委托技术服务机构（第三方核查机构）提供核查服务。

以上两种方式的核查程序相同。

2. 建立核查技术工作组

省级生态环境主管部门建立一个或多个核查技术工作组（以下简称技术工作组）开展如下工作。

» 实施文件评审。

» 完成《文件评审表》（见《企业温室气体排放报告核查指南（试行）》附件 2），提出《现场核查清单》（见《企业温室气体排放报告核查指南（试行）》附件 3 的现场核查要求）。

» 提出《不符合项清单》（见《企业温室气体排放报告核查指南（试行）》附件 4），交给重点排放单位整改，验证整改是否完成。

» 出具《核查结论》。

» 对于未提交排放报告的重点排放单位，按照保守性原则对其排放量及相关数据进行测算。

技术工作组至少由 2 名成员组成,其中 1 名为负责人,至少 1 名成员具备被核查的重点排放单位所在行业的专业知识和工作经验。技术工作组负责人应充分考虑重点排放单位所在的行业领域、工艺流程、设施数量、规模与场所、排放特点、核查人员的专业背景和实践经验等方面的因素,确定成员的任务分工。

3. 文件评审

技术工作组应根据相应行业的温室气体排放核算方法与报告指南(以下简称核算指南)、相关技术规范,对重点排放单位提交的排放报告及数据质量控制计划等支撑材料进行文件评审,初步确认重点排放单位的温室气体排放量和相关信息的符合情况,识别现场核查重点,提出现场核查时间、需访问的人员、需观察的设施、设备或操作以及需要查阅的支撑文件等现场核查要求,按《企业温室气体排放报告核查指南(试行)》附件 2 和附件 3 的格式分别填写完成《文件评审表》和《现场核查清单》并将其提交省级生态环境主管部门。

4. 建立现场核查组

省级生态环境主管部门应根据核查任务和进度安排,建立一个或多个现场核查组开展如下工作:

» 根据《现场核查清单》,对重点排放单位实施现场核查,收集相关证据和支撑材料;

» 详细填写《现场核查清单》的核查记录并报送技术工作组。现场核查组的工作可由省级生态环境主管部门及其直属机构承担,也可通过政府购买服务的方式委托技术服务机构承担。

现场核查组应至少由 2 人组成。为了确保核查工作的连续性,现场核查组成员原则上应为核查技术工作组的成员。对于核查人员调配存在困难等情况，现场核查组的成员可以与核查技术工作组成员不同。对于核查年度之前连续 2 年未发现任何不符合项的重点排放单位，且当年文件评审中未发现存在疑问的信息或需要现场重点关注的内容，经省级生态环境主管部门同意后，可不实施现场核查。

5. 实施现场核查

现场核查的目的是根据《现场核查清单》收集相关证据和支撑材料。

（1）核查准备

现场核查组应按照《现场核查清单》做好准备工作，明确核查任务重点、组内人员分工、核查范围和路线，准备核查所需要的装备，如现场核查清单、记录本、交通工具、通信器材、录音录像器材、现场采样器材等。现场核查组应于现场核查前 2 个工作日通知重点排放单位做好准备。

（2）现场核查

现场核查组可采用查、问、看、验等方法开展工作。

» 查：查阅相关文件和信息，包括原始凭证、台账、报表、图纸、会计账册、专业技术资料、科技文献等；保存证据时可保存文件和信息的原件，保存原件有困难的，可保存复印件、扫描件、打印件、照片或视频录像等，必要时，可附文字说明。

» 问：询问现场工作人员，应多采用开放式提问，获取更多关于核算边界、排放源、数据监测及核算过程的信息。

» 看：查看现场排放设施和监测设备的运行情况，包括现场观察核算边界、排放设施的位置和数量、排放源的种类，以及监测设备的安装、校准和维护情况等。

» 验：通过重复计算验证计算结果的准确性，或者通过抽取样本、重复测试来确认测试结果的准确性等。现场核查组应验证现场收集的证据的真实性，确保其能够满足核查的需要。现场核查组应在现场核查工作结束后 2 个工作日内，向技术工作组提交填写完成的《现场核查清单》。

（3）不符合项

技术工作组应在收到《现场核查清单》后 2 个工作日内，对《现场核查清单》中未取得有效证据、不符合核算指南要求及未按数据质量控制计划执行等情况，在《不符合项清单》（见《企业温室气体排放报告核查指南（试行）》附件 4）中的"不符合项描述"一栏如实记录，并要求重点排放单位采取整改措施。重点排放单位应在收到《不符合项清单》后的 5 个工作日内，填写完成《不符合项清单》中"整改措施及相关证据"一栏，连同相关证据材料一并提交技术工作组。技术工作组应对不符合项的整改进行书面验证，必要时可采取现场验证的方式。

6. 出具《核查结论》

技术工作组应根据如下要求出具《核查结论》（见《企业温室气体排放报告核查指南（试行）》附件 5）并提交省级生态环境主管部门。

» 对于未提出不符合项的，技术工作组应在现场核查结束后 5 个工作日内填写完成《核查结论》。

» 对于提出不符合项的，技术工作组应在收到重点排放单位提交的《不符合项清单》"整改措施及相关证据"一栏内容后的 5 个工作日内填写完成《核查结论》。如果重点排放单位未在规定时间内完成对不符合项的整改，或者整改措施不符合要求，技术工作组应根据核算指南与生态环境部公布的缺省值，按照保守原则测算排放量及相关数据，并填写完成《核查结论》。

» 对于经省级生态环境主管部门同意不实施现场核查的，技术工作组应在省级生态环境主管部门做出不实施现场核查决定后 5 个工作日内，填写完成《核查结论》。

7. 告知核查结果

省级生态环境主管部门应将《核查结论》告知重点排放单位。如果省级生态环境主管部门认为有必要进一步提高数据质量，可在告知核查结果之前，采用复查的方式对核查过程和核查结论进行书面或现场评审。

8. 保存核查记录

省级生态环境主管部门应以安全和保密的方式保管核查的全部纸质（含电子）文件至少 5 年。技术服务机构应将核查过程的所有记录、支撑材料、内部技术评审记录等归档保存至少 10 年。

详细的核查工作流程如图 7-1 所示。

除上述基本流程外，《企业温室气体排放报告核算指南（试行）》中对核查要点、核查复核、信息公开等各项内容进行了详细的说明与规定，第三方核查机构和核查员应按此指南开展相关工作。

7.2　CCER 审定与核证机构实操指南

根据《碳排放权交易管理办法（试行）》，CCER 是指对我国境内可再生能源、林业碳汇、甲烷利用等项目的温室气体减排效果进行量化核证，并在国家温室气体自愿减排交易注册登记系统中登记的温室气体减排量。《全国碳排放权交易管理条例（草案修改稿）》提出，我国境内实施可再生能源、林业碳汇、甲烷利用等项目产生的温室气体削减排放量，经核证属实的，由国务院生态环境主管部门予以登记，重点排放单位可以购买经过核证并登记的温室气体削减排放量，用于抵消其一定比例的碳排放配额清缴。《温室气体自愿减排交易管理暂行办法》和《温室气体自愿减排项目审定与核证指南》明确了温室气体自愿减排项目审定与核证机构的备案要

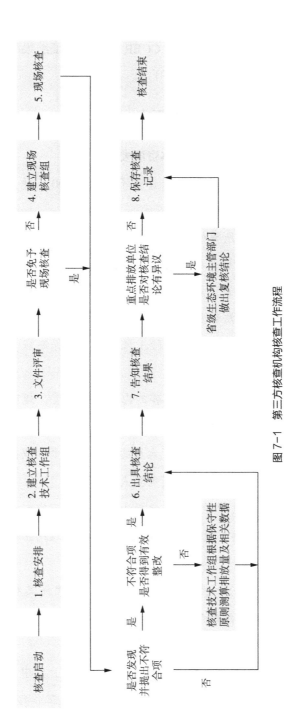

图 7-1 第三方核查机构核查工作流程

求、工作程序和报告格式，以促进 CCER 审定与核证结果的客观、公正，保证温室气体自愿减排交易的顺利开展。

7.2.1　审定与核证机构备案要求

1. 审定与核证机构备案的具体资质要求

» 具有独立法人资格，企业注册资金不少于 3 000 万元，事业单位 / 社会团体开办资金不少于 2 000 万元。

» 具有开展业务活动所需的固定场所、设施及办公条件。

» 具有开展业务活动所需的稳定的财务支持，并具有应对风险的能力，确保对其审定与核证活动可能引发的风险能够采取合理有效措施，并承担相应的经济和法律责任。

» 已建立了应对风险的基金或保险（风险基金或保额应与业务规模相适应，且不低于 1 500 万元）。

» 已建立了健全的组织机构及完善的内部管理制度，规范管理审定与核证业务的有关活动与决定，包括：

¤ 明确了管理层和审定与核证人员的任务、职责和权限，指定一名高级管理人员作为审定与核证负责人。

¤ 建立了内部质量管理制度，包括人员管理，审定与核证运行管理，文件管理，申诉、投诉和争议处理，不符合及纠正措施处理等相关制度。

¤ 建立了完善的公正性与保密管理制度，以确保其相关部门和人员（包括代表其活动的委员会、外部机构或个人）从事审定与核证工作的公正性，以及对涉及的信息予以保密。

» 具有至少 10 名专职审定和（或）核证人员，并且其中至少有 5 名人员具有 2 年及以上温室气体减排项目审定或核证工作经历（如 CDM、自愿减排机制或黄金标准机制下的审定与核证经验），以确保其有能力在获准的专业领域开展审定与核证工作。审定或核证人员要熟悉与温室气体减排相关的法律法规和标准，了解审定与核证工作程序及其原则和要求，掌握相关行业的专业知识和技术，掌握审定与核证活动的相关知识和技能，包括项目的基准线和监测方法学、额外性及相关法规要求、监测和测量设备的管理及校准、数据和信息管理评估等。

» 在审定与核证领域具有良好的业绩，包括：

¤ 在最近 3 年内具有温室气体减排项目审定或核证的经历（如 CDM、自愿减排机制、黄金标准机制下的审定或核证经验），并且至少完成过 30 个项目的审定或核证工作。

¤ 对于无上述审定或核证经历的特定行业机构，应在温室气体减排领域独立完成至少 2 个国家级课题，或者自主开发至少 3 个经国家主管部门备案的自愿减排项目方法学。

» 在所从事的审定与核证业务活动中没有任何违法违规行为记录。

2. 审定与核证机构备案后续工作要求

» 从事审定与核证工作的机构，应通过其注册地所在省、自治区和直辖市碳市场主管部门向国家主管部门申请备案，并提交以下材料：

¤ 营业执照。

¤ 法定代表人身份证明文件。

¤ 在项目审定、减排量核证领域的业绩证明材料。

¤ 审核员名单及其审核领域。

» 备案后的审定与核证机构应在备案批准的专业领域按照规定的工作程序和要求开展温室气体自愿减排项目审定与核证工作。

» 备案后，当法定代表人、工作场所等内容发生变更时，审定与核证机构应当自发生变更之日起 20 个工作日内向国家碳市场主管部门及注册地所在省、自治区和直辖市地方碳市场主管部门报告。

» 备案后，当审定与核证机构的能力不再满足备案要求时，国家碳市场主管部门将通告其备案无效。

» 对由于自身过失而造成的项目减排量签发不足或过量签发的，审定与核证机构应按照与客户协商的结果或相关的仲裁结果予以赔偿。

3. 审定与核证机构备案现状

为保证温室气体自愿减排交易的顺利开展，《温室气体自愿减排项目审定与核证指南》规定审定与核证工作需按不同专业领域开展。具体专业领域划分如表 7-1 所示。

表 7-1　温室气体自愿减排项目专业领域划分

序号	专业领域
1	能源工业（可再生能源 / 不可再生能源）
2	能源分配
3	能源需求
4	制造业
5	化工行业
6	建筑行业
7	交通运输业
8	矿产品
9	金属生产
10	燃料的飞逸性排放（固体燃料、石油和天然气）
11	由碳卤化合物、六氟化硫的生产和消费所产生的飞逸性排放
12	溶剂的使用
13	废物处置
14	造林和再造林
15	农业
16	碳捕获与储存

自颁布《温室气体自愿减排项目审定与核证指南》以来，国家分 4 批公布了 12 家审定与核证机构及每家机构可从事的自愿减排项目审定与核证专业领域，如表 7-2 所示。

表 7-2　12 家审定与核证机构及可从事的专业领域

审定与核证机构	可从事的专业领域
中国质量认证中心	1/2/3/4/5/6/7/8/9/10/11/12/13/14/15
广州赛宝认证中心服务有限公司	1/2/3/4/5/7/8/9/10/13/14/15
中环联合（北京）认证中心有限公司	1/2/3/4/5/6/7/8/9/10/11/12/13/14/15
环境保护部环境保护对外合作中心	1/4/5/11/13
中国船级社质量认证公司	1/2/3/4/5/6/7/8/9/10/11/12/13
北京中创碳投科技有限公司	1/2/3/4/5/6/7/13/14/15
中国农业科学院	1/14/15
深圳华测国际认证有限公司	1/2/3/4/5/6/7/8/9/12/13
中国林业科学研究院林业科技信息研究院	14

7.2.2　审定与核证工作要求

根据《温室气体自愿减排项目审定与核证指南》的规定，对 CCER 项目的审定与核证要求总结如下。

1. 审定要求

» 申请备案的自愿减排项目应于 2005 年 2 月 16 日之后开工建设，且属于以下任一类别。

　　¤ 采用经国家主管部门备案的方法学开发的自愿减排项目。

　　¤ 获得国家碳市场主管部门批准但未在联合国 CDM 执行理事会或其他国际国内减排机制下注册的项目。

　　¤ 在联合国 CDM 执行理事会注册前就已经产生减排量的项目。

　　¤ 在联合国 CDM 执行理事会注册但未获得签发的项目。

» 项目设计文件应依据国家碳市场主管部门网站上提供的最新格式和填写指南编写。审定机构应对提交的项目设计文件的格式和完整性进行审定。

» 项目选用的基准线和检测方法学应是经国家碳市场主管部门备案的基准线和方法学。

» 项目设计文件应正确地描述项目边界，包括包含在项目边界之内的、项目活动所涉及的物理设施、排放源及产生的温室气体的选择，并对其选择加以论证。

» 项目设计文件应按照方法学及其工具规定的步骤识别项目的基准线。

» 项目设计文件中应描述项目活动的额外性。

» 项目设计文件中应准确地计算项目排放、基准线排放、泄漏及减排量。计算所采取的步骤和应用的计算公式应符合方法学的要求。

» 项目设计文件应包括一个完整的监测计划。

2. 核证要求

» 核证机构需对所核证的减排量进行审查，以确认没有在其他任何国内外温室气体减排机制下获得签发。

» 核证机构应审查备案的减排项目是否按照项目设计文件实施。

» 核证机构应确认备案的减排项目的监测计划是否符合所选择的方法学及其工具。

» 核证机构应确认备案的减排项目是否按照批准的监测计划实施监测活动；项目业主是否按照监测方法学和／或监测计划中明确的校准频次对监测设备进行校准。

» 项目业主应按照备案的项目设计文件对实际产生的减排量进行计算。

» 项目备案之后可能会发生修改、纠正或变更等情况，核证机构需要对上述情况进行审定，并将对变更的审定以附件的形式写入核证报告中。

7.2.3　CCER 审定与核证工作的基本原则及程序

1. 审定与核证工作的基本原则

审定与核证机构在准备、执行和报告审定与核证工作时，应遵循以下基本原则。

- » **客观独立**。审定与核证机构应保持独立于审定或核证的项目活动，避免偏见和利益冲突，在整个审定或核证活动过程中保持客观。

- » **公正公平**。审定与核证机构在审定或核证活动中的发现、结论及报告应真实、准确。除了报告审定或核证过程中的重要障碍，还应报告未解决的意见分歧。

- » **诚实守信**。审定与核证机构应具有高度的责任感，确保审定与核证工作的完整性和保密性。

- » **认真专业**。审定与核证机构应具备审定与核证所必需的专业技能，能够根据任务的重要性及客户的具体要求，利用其职业素养进行专业判断。

2. 审定程序

项目业主提交自愿减排项目的备案申请材料后，需经过审定程序才能够在国家主管部门进行备案。审定机构应按照规定的程序进行审定，主要包括准备、实施、报告 3 个阶段，分为合同签订、审定准备、项目设计文件公示、文件评审、现场访问、审定报告的编写及内部评审、审定报告的交付及上传 7 个步骤（见图 7-2）。

（1）合同签订

审定机构应与审定委托方签订审定合同。合同内容可包括双方的权利和责任、审定费用、合同的解除、赔偿、仲裁及其他相关内容。

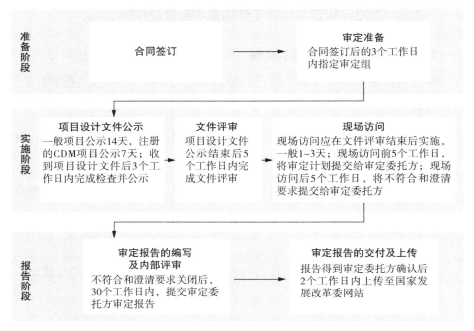

图7-2　CCER审定程序

（2）审定准备

审定机构应在合同签订后的3个工作日内选择具备能力的审定组长和审定员组成审定组。审定组成员应具备相应的能力并与所审定的项目没有任何利益冲突。审定组长应确定审定组的任务分工。在确定任务分工时，应考虑项目的技术特点、复杂程度、技术风险、设施的规模与位置，以及审定员的专业背景和实践经验等因素。审定组长应与审定委托方建立联系，要求审定委托方在商定的日期内提交项目文件、可行性研究报告、环境影响评价报告及其他相关支持文件。

（3）项目设计文件公示

收到项目设计文件后的5个工作日内，审定组应完成对项目设计文件的格式及完整性的评审。在确认项目设计文件符合完整性要求的情况下，审定机构应通过国家碳市场主管部门的专用网站对项目设计文件进行 14 天的公示（已经注册为 CDM 项目的，公示期为 7 天），征询利益相关方的意见。审定机构应对公示期间收到的意见和质询在审定报告中予以答复，或者解释不予答复的理由。

（4）文件评审

在项目设计文件公示后开始实施文件评审。公示结束后的 5 个工作日内，审定组应完成文件的初步评审，包括对项目设计文件、可行性研究报告、环境影响评价报告及其他相关支持性材料的评审，初步判断项目设计的合理性，并识别现场访问的重点。

对项目设计的数据和信息的可靠性评审应采取适宜的方式，应将项目设计文件中提供的数据和信息与其他可获得的信息来源进行交叉核对。

（5）现场访问

现场访问的目的是通过现场观察项目的建设环境、设备安装，调阅文件记录，以及与当地利益相关方进行会谈，进一步判断和确认项目的设计是否符合审定准则的要求并能够产生真实的、可测量的、额外的减排量。审定组应根据文件评审的结果制订现场访问计划，并与审定委托方确定现场访问的日期。现场访问计划应当于现场访问前 5 个工作日内发给审定委托方并向其征求意见。现场访问计划应包括审定目的、审定范围、审定活动的安排、访问的对象及审定组成员的分工。如果审定涉及抽样，应在现场访问计划中策划抽样方案。现场访问的时间取决于项目的复杂程度，一般为 1～3 天。现场访问可按照召开见面会介绍审定计划、收集和验证信息、召开总结会介绍审定发现 3 个步骤实施。审定机构在现场获取的信息必须是真实的且能够满足审定的要求。审定机构应对访谈人员提供的信息进行交叉核对（可与其他来源的信息或其他访谈人员提供的信息进行交叉核对），以确保信息的准确性。原则上，审定机构应实施现场访问。对于新建的未开工项目，审定机构可采用电话访问、电子邮件访问或者会议室访问的形式替代现场访问，但是应在审定报告中对不实施现场访问的理由进行阐述。在现场访问（或电话访问、电子邮件访问、会议室访问）实施后的 5 个工作日内，审定组应将在文件评审和现场访问过程中发现的不符合、澄清要求或进一步行动要求提供给审定委托方，审定委托方应在 90 天内采取澄清或纠正措施。审定机构应对以下问题提出不符合。

» 存在影响减排项目活动实现真实的、可测量的、额外的减排能力的错误。

» 不满足审定备案的要求。

» 存在减排量不能被监测或计算的风险。

如果信息不充分或不清晰，以至于不能够确定减排项目是否符合要求，审定机构应提出澄清要求。对于与项目实施有关的、需要在第一个核证周期内评审的突出问题，审定机构应在审定过程中提出进一步行动要求。只有对项目设计进行了更改，纠正了项目设计文件，或者提供了清晰的解释或证据并满足相关要求时，审定机构才能关闭不符合和澄清要求。

（6）审定报告的编写及内部评审

不符合和澄清要求关闭，或者确认审定委托方在 90 天内未能采取满足要求的措施后，审定机构应在 30 个工作日内完成审定报告的编写，对其进行技术评审并交付给审定委托方。审定机构编写的审定报告应采用规定的格式，主要包括以下内容。

» 项目审定的程序和步骤。

» 项目的基准线确定和减排量计算的准确性。

» 项目的额外性。

» 监测计划的合理性。

» 项目审定的主要结论。

审定机构应在审定报告中列出审定过程中的所有支持文件，并在有要求的时候提供这些文件。审定机构应在审定报告中出具肯定或否定的审定结论。只有当不符合和澄清要求关闭后，审定机构才能出具肯定的审定结论。审定结论至少应包含下列内容。

» 减排项目应用方法学及审定要求的概述。

» 审定过程未覆盖的项目组成部分或问题的描述。

» 预期减排量的审定声明。

» 减排项目是否符合方法学及审定要求的声明。

审定报告在提供给审定委托方之前，应经过审定机构内部独立于审定组的技术评审人员的技术评审。审定机构应确保技术评审人员具备相应的能力，具备温室气体减排项目特定技术领域的专业知识及从事项目审定活动的技能。

（7）审定报告的交付及上传

只有当内部技术评审通过后，审定机构才可将审定报告交付给审定委托方。得到审定委托方的确认后，审定机构应在 2 个工作日内将最终审定报告上传至国家碳市场主管部门指定的专门网站。

3. 核证程序

经备案的自愿减排项目产生减排量后，作为项目业主的企业在向国家主管部门申请减排量备案前，应由经国家主管部门备案的核证机构核证，并出具减排量核证报告。核证程序主要包括准备、实施、报告 3 个阶段，包括合同签订、核证准备、监测报告公示、文件评审、现场访问、核证报告的编写及内部评审、核证报告的交付及上传 7 个步骤（见图 7-3）。

（1）合同签订

核证机构应与核证委托方签订核证合同。合同内容可包括双方的权利和责任、核证费用、合同的解除、赔偿、仲裁及其他相关内容。

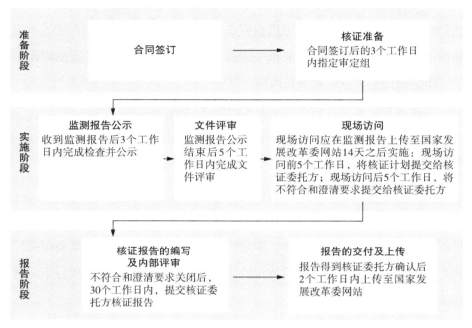

图 7-3　项目核证程序示意图

（2）核证准备

核证机构应在合同签订后的 3 个工作日内选择具备能力的核证组长和核证员组成核证组。核证组成员应具备相应的能力并与所核证的项目没有任何利益冲突。核证组长应确定核证组的任务分工。在确定任务分工时，应考虑项目的技术特点、设施的规模与位置、监测设备的种类、数据收集系统的复杂程度及核证员的专业背景和实践经验等因素。核证组长应与核证委托方建立联系，要求核证委托方在商定的日期内提交监测报告。

（3）监测报告公示

收到监测报告后的 3 个工作日内，核证组应完成对核证报告的格式及完整性的评审。在确认监测报告符合完整性要求的情况下，核证机构应将监测报告上传至国家发展改革委专用网站公示。

（4）文件评审

监测报告公示后的 5 个工作日内，核证组应完成文件初步评审，包括对监测报告和相关支持文件（校准记录、监测设备说明书、购售电发票等）的评审，初步确认项目的实施情况，并建立现场核证的思路和重点。文件评审的内容包括对所提供数据和信息的完整性的评审、对监测计划和监测方法的评审，以及对数据管理和质量保证 / 质量控制系统的评审。

（5）现场访问

现场访问的目的是通过现场观察减排项目的实施和监测计划的执行，查阅项目实施和监测记录（如运行日志、库存记录、采购记录或其他类似数据来源），查阅数据产生、传递、汇总和报告的信息流，评审减排量计算时所做的假设，以及与现场工作人员或利益相关方进行会谈，进一步判断和确认减排项目的实际减排量是否真实。现场访问应在监测报告上传至国家碳市场主管部门专用网站 14 天后实施。文件评审结束后，核证组应根据文件评审的结果制订现场访问计划，并与核证委托方商定现场访问的日期。现场访问计划应于现场访问前 5 个工作日内发给核证委托方向其征求意见。现场访问计划应包括核证目的、核证范围、核证活动的安排、访问的对象及核证组成员的分工。如果核证涉及抽样，应在现场访问计划中策划抽样方案。现场访问的时间取决于项目的复杂程度，一般为 1 ~ 3 天。现场访问可按照召开见面会介绍核证计划、收集和验证信息、召开总结会介绍核证发现 3 个步骤实施。核证机构在现场获取的信息必须是真实的，且能够满足核证的要求。必要时可以在获得项目业主同意后，采用复印、记录、摄影、录像等方式保存相关记录。现场访问实施后的 5 个工作日内，核证组应将在文件评审和现场访问过程中发现的不符合、澄清要求或进一步行动要求提供给核证委托方，核证委托方应在 90 天内采取澄清或纠正措施，以关闭不符合或澄清要求。核证机构应对以下问题提出不符合或澄清要求。

» 监测和报告中存在与监测计划和方法学不一致，且项目业主没有将这些不一致充分记录或提供的符合性证据不充分。

» 项目业主没有充分地记录项目活动实施、运行和监测中的修改。

» 在应用假设、数据或减排计算时出现了对减排估算产生影响的错误。

» 项目业主仍未解决的在审定期间或前一次核证期间提出的、需要在本次核证过程中确认的进一步行动要求。

如果得到的信息不充分或不清晰，以至于无法确定减排项目是否满足相关要求，核证机构应提出澄清要求。如果在下一个核证周期内需要对监测和报告进行关注和/或调整，核证机构在核证期间应提出进一步行动要求。只有在项目业主对提出的所有不符合和澄清要求实施纠正措施或提供进一步证据之后，核证机构才能关闭不符合和澄清要求。

（6）核证报告的编写及内部评审

不符合和澄清要求关闭后，或者确认审定委托方在 90 天内未能采取相应措施后，核证机构应在 30 个工作日内完成核证报告的编写，对其进行技术评审并交付给核证委托方。核证机构编写的核证报告应采用规定的格式，主要包括如下内容。

» 核证的程序和步骤。

» 项目活动实施和运行情况。

» 监测计划的执行情况。

» 减排量的计算过程及结果。

» 减排量核证的主要结论。

» 项目变更的审定总结（如果有）。

核证机构应在核证报告中列出核证过程中的所有支持文件，并能在有要求的时候提供这些文件。核证机构应在核证报告中出具肯定或否定的核证结论。只有当不符合和澄清要求关闭后，核证机构才能出具肯定的核证结论。核证结论至少应包含下列内容。

» 减排项目的实施、监测与方法学及项目设计文件的符合性。

» 核证过程未覆盖的问题的描述。

» 经核证的减排量的声明。

核证报告在提供给核证委托方之前，应经过核证机构内部独立于核证组的技术评审人员的技术评审。核证机构应确保技术评审人员具备相应的能力，具备温室气体减排项目特定技术领域的专业知识、监测的专业知识及从事项目核证活动的技能。

（7）核证报告的交付

只有当内部技术评审通过后，核证机构才可将核证报告交付给核证委托方。得到核证委托方的确认后，核证机构应在 2 个工作日内将最终核证报告上传至国家碳市场主管部门指定的专用网站。

第 8 章
碳排放权交易实操指南

▼

全国碳市场启动后，碳资产管理将成为企业的一项常态化工作。碳市场通过碳价信号，推动企业提高碳资产使用效率与价值实现并促进技术、生产方式转型升级。从企业层面出发，随着未来有偿分配的实施和不断深化，越来越多的重点排放单位将面临每年付出额外碳成本的压力，需要积极做好碳资产管理，降低履约成本，并通过碳金融创新为自己带来更多收益。

除了重点排放单位，全国碳市场还将纳入符合条件的机构投资者和个人投资者，为市场带来更多流动性，也将碳价的影响及减排收益辐射到全社会。

控排企业和其他市场参与者参与交易将面临各种实际问题，包括如何进行风险管控、如何制定交易策略、如何进行碳金融创新等。针对这些问题，本章提出参与碳排放权交易的建议，未来随着全国碳市场的不断完善、CCER 机制的重启、非重点排放单位开放交易及碳金融的不断深化，市场参与者能够通过本章描述的多种手段，积极参与交易，从碳市场获取收益。

8.1　碳排放权交易策略制定的要点

碳资产管理作为碳管理工作内容的核心组成部分，为碳排放权交易管理手段提供基本依据，对活跃碳市场交易、降低重点排放单位成本及实现碳资产有效保值增值具有重要作用。

8.1.1　做好碳市场风险管理

相较于传统商品市场，碳市场的形成和起步晚，相关制度建设尚不完善，市场认知尚不充分，因此在碳资产管理的过程中会面临更多的风险和不确定性。加强企业对碳资产风险的认识并做好相应的应对措施极为必要。

碳市场交易价格受到多种因素的影响，造成价格波动，产生市场风险，积极对这些方面予以关注，有助于在第一时间了解碳市场动向，并在此基础上制定符合企业自身发展的碳管理战略、规章制度，以规避市场风险。综合来看，碳价影响因素主要包括以下三种。

1. 政策风险

碳市场建立在政策基础之上，并高度依赖政策和制度的约束，政策对碳价的走向有着决定性作用。由配额分配规则、履约规则及项目和减排量审批规则等引发的风险是碳市场特有的政策风险，上述风险具有明显的全局性特征，对碳市场的影响迅速而直接。

以欧盟碳市场为例，2013 年欧盟碳排放权交易的第三阶段刚开始时，市场处于低迷状态，碳价低于 5 欧元/吨（见图 8-1）。欧盟为了提升碳价，增加企业碳成本，实施了电力行业 100% 有偿分配、延迟拍卖、建立配额"蓄水池"、提高长期减排目标等多种政策。受以上政策的影响，到 2021 年，欧盟碳价达到 60 欧元/吨的历史高位。

自我国碳排放权交易开展以来，国家主管部门与试点省市在推进碳市场的过程中边学边做，配额分配规则、履约规则及项目和减排量审批规则等政策均进行过若干调整。碳资产管理业务在实施过程中要跟踪政策进展，分析政策风险，并针对可能的政策调整做好相应的预案。

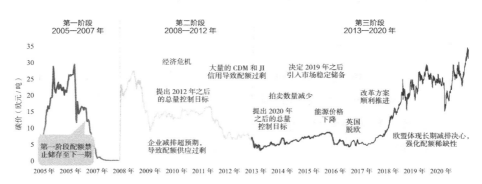

图 8-1　欧盟碳市场配额价格（欧元 / 吨）

（1）配额政策和履约政策

碳排放权配额总量设定和分配方式是影响配额初始价格的直接因素。免费分配方式下配额的初始价格为零。拍卖分配方式下竞拍产生的价格即为配额的初始价格。配额政策宽松会降低企业的需求，从而使碳价下跌。此外，碳信用存储和借贷政策及配额有效期的变化，也会直接影响碳价。

履约政策同样是影响市场走向的重要因素。政府是否制定了清晰严格的履约条款从而能够按照条款严惩违规企业，都会影响配额供需状况及市场信心。

（2）自愿减排政策

作为碳市场的补充，自愿减排量的供给同样会影响市场供需，进而影响碳价。欧盟碳市场第二阶段的价格下跌，原因除了受到经济危机的冲击，还有国际减排量过量供应，导致供需失衡。

因此，国家需要严格控制减排量用于碳市场的数量，对于减排项目的标准及减排量用于抵消的规则都要有明确要求。相关政策及其变化将影响减排量碳市场和配额碳市场的价格。

（3）信息透明度

和原油、农产品等大宗商品市场相比，碳市场处于初步发展阶段，而且其中心化特征明显，排放量、减排项目供给、配额供需、履约执行等核心信息掌握在主管部门手中，一般的市场参与者难以获得。因此，主管部门对碳市场相关信息的披露程度也将影响各方的投资决策。市场信息越开放，交易越活跃。

（4）其他控排政策

除了碳市场，国家控排目标、碳排放标准、碳税等控排相关政策，直接决定了减排的规模和程度，会对碳价产生影响。例如，国家如果提出更严格的气候目标，必将对碳市场施加更大的减排压力，减少配额供给，导致碳价上升；国家在其他非碳市场纳入行业实施碳标准，或者实施碳税，都有可能影响市场参与者对碳市场的信心；国家通过上下游关系向碳市场传导，会间接影响碳价。

2. 市场风险

影响碳市场供需和价格的因素多种多样，除了以上提到的政策因素，宏观经济环境、市场投机等因素的变动也会导致碳价的波动。

（1）宏观经济状况

当经济形势良好时，人民信心高涨，消费积极，社会资源利用充分，工业、交通、电力等碳密集行业生产需求提升，从而导致碳排放量的增加，减排需求量增加，进而导致碳价上涨。

（2）能源价格

能源价格主要包括石油价格、煤炭价格、天然气价格、电力价格等。碳价对能源价格比较敏感，两者相互作用、相互影响。其中碳价与煤炭等化石能源价格呈负相关关系，与清洁能源价格呈正相关关系。化石能源价格越高，企业使用清洁能源的动机越强，碳排放减少导致碳价走低。反之，清洁能源价格上升会降低企业使用清洁能源的动机，碳排放量上升将推高碳价。

（3）碳减排技术

当碳减排技术不断提高时，企业减排成本将降低，促进企业采取更先进的技术实现减排，从而减少对配额的需求，导致碳价下跌。按照技术水平不断提高的趋势假设，如果政府没有随着技术水平调整碳市场总量，在其他因素保持稳定的情况下，碳价将有一个持续下降的趋势。

3. 气候因素

气候因素影响分为正常的自然气候（气候变化）影响及国际应对气候变化大环境（气候谈判）的影响。在我国当前以强度为控制目标，每年制定新的分配方法的情况下，气候因素对市场影响有限。但在欧盟等实施绝对总量下降，而且制定长期分配方案的情况下，气候因素的变化往往会导致碳价的变化。这也是我国碳市场未来发展的方向。

（1）气候变化

短期气温异常会增加空调或采暖设备的使用，增加碳排放量，企业需要购买更多的配额履约，从而推动碳价上涨。长期而言，气候变化效应不断增强，会强化政府的控排力度，并使碳价维持在高位。

（2）气候谈判

碳市场本身就是国际社会为应对气候变化达成的减排协议下的政策产物。气候谈判一方面会使得各国提出新的气候目标，影响碳市场总量进而影响价格；另一方面也有可能在《巴黎协定》下产生新的国际减排交易机制，产生新的交易需求，带来新的投资机会，也间接影响现有碳市场的供需情况和价格。

8.1.2 制定自身交易策略

面对各种不确定性，企业需要在市场跟踪预测的基础上制定自身交易策略，在进行碳排放权交易的过程中降低履约成本，在条件允许的情况下获得额外的收益。目前，碳排放权交易的产品较为简单，只有配额与CCER 的现货交易，因此采取的策略一般是对买入和卖出的时间点位及每次交易的数量进行合理的安排，另外还应考虑合适的交易方式。

1．对时间节点的考虑

碳排放权交易与一般的大宗商品类似，价格处于不断的波动中，但是由于碳市场是政策驱动的公共商品市场，因此价格的驱动因素有所不同，包括碳市场配额初始分配设计、能源价格、经济形势、天气、投机热钱等，其中最直观的是履约节点的影响。例如，在 7 个碳排放权交易试点中，履约节点均设置在每年 6 月左右，大多数企业都集中在履约前开始做配额买入的决定，短时间内推高了碳价，如果在此时加入买方，则会以较高的价格买入，提高履约成本。因此，推荐的做法是提前做好计划，尽量避开企业集中购入的时间点位。

碳排放权交易市场机制有很强的时间节点属性，到了履约节点，必须提交足够的碳排放权。因此，企业需要提前做好计划，做好预算申请，防止由于企业审批流程上的耽搁造成资金到位延迟，或者市面上可供交易配额短缺，引起不必要的违约。

2．对交易数量的考虑

与一般商品的交易类似，碳排放权的交易也需要引入一些对冲风险的做法，其中一种是分批交易策略，以降低市场风险。当选择好买入的时间点位后，理想的做法是将需要购入或卖出的碳排放权平均分成若干份，间隔一定的时间进行交易，可将碳价增高 / 下降的风险分摊到每次交易中，使交易成本 / 收益变得平滑。

交易的数量可以根据每年履约的需求决定，一年一计划，也可以在碳价的低点买入超过当年需求量的数量。由于碳排放权可储存留转到下一个履约期使用，因此在看涨的市场中，提前购买可以降低成本，但是同时也会占用一定的资金。

3. 对场内交易和场外交易的考虑

在选择交易方式时，须考虑交易成本和碳价两个因素。场内交易直观，价格明确，便于操作，但是由于每一单的数量有限，不一定能够满足交易需求，此时需要反复进行点选交易，从而提高了交易成本，也可能会推高碳价。当交易的数量需求较大时，通过场外交易更加方便，但是需要寻求潜在的供应商，并针对交易的数量和价格进行协商。通常场外交易可完成比市场价格低的交易，同时也需要投入更多的精力进行供应商匹配与商业谈判。

8.2　碳资产管理的主要手段

碳资产管理在具体操作层面应注意技术先行，通过推动减碳固碳技术的投资和研究，强化碳减排能力，把握国际竞争中的长期竞争优势。首先，密切关注减排量抵消政策，待 CCER 机制重启后，充分运用配额置换，灵活处置富余配额，开辟新的获利渠道。其次，参与套期保值交易，规避碳市场波动风险，更好地管理碳资产风险敞口。最后，积极储备碳减排项目，主动参与国内与国际的管制和自愿碳减排交易市场，吸收先进技术，开发碳减排资产。

8.2.1　减排量与配额置换

配额置换交易是指重点排放单位利用持有的非必需的碳配额与中选人

持有的 CCER 进行置换。重点排放单位一方面可以通过卖出配额直接获利，规避配额作废的风险；另一方面可以利用 CCER 抵消部分碳排放使用，灵活降低企业负担，适当降低企业的履约成本，促进企业向低碳化发展。该模式有助于企业进一步优化资产组合，开辟节能增效的新渠道。

生态环境部在《碳排放权交易管理办法（试行）》中规定重点排放单位每年可以使用 CCER 抵消碳排放配额的清缴，抵消比例不得超过应清缴碳排放配额的 5%。但值得注意的是，CCER 项目于 2015 年 1 月正式启动交易，于 2017 年暂停新项目签发，仅限于存量项目交易，具体恢复时间待定，后续需要密切关注政策动向。

 案例 **妈湾电力与中碳事业完成国内最大单笔配额置换交易**

深圳能源集团旗下妈湾电力公司持有的深圳市碳排放配额与深圳中碳事业新能源环境科技公司持有的 CCER 以现金加现货的方式在深圳排放权交易所完成置换。置换规模达 68 万吨，创下国内单笔配额置换交易量的最高纪录。妈湾电力公司通过配额置换机制，变指标为真金白银，既实现了履约，又获得了可观的收益，并为其他重点排放单位低成本履约起到了良好的示范作用。通过 CCER 抵消机制，企业可以通过 CCER 履约方式，选择与专业碳资产管理公司合作置换 CCER，实现履约与收益双目标。

8.2.2 套期保值交易

套期保值交易是指在某一时间点，在现货市场和期货市场对同一种类的商品同时进行数量相等但方向相反的买卖活动。当价格变动使现货买卖上出现盈亏时，可由期货交易上的盈亏得到抵消或弥补。在现货与期货、近期与远期之间建立一种对冲机制，以使价格风险降到最低。碳资产具有天然的标准化属性，需求量大，交易周期长，十分适合作为套期保值的标的物开展交易。针对碳资产进行套期保值交易，可以实现盈亏相抵，从而转移碳资产现货交易的风险。

碳套期保值交易主要有四个作用：①有助于价格发现，比较真实地反映出供求情况，揭示市场对未来价格的预期，解决市场信息不对称问题，引导碳现货价格；②有助于提高碳市场交易活跃度，增强市场流动性，平抑价格波动；③有助于风险管理，为市场主体提供对冲价格风险的工具，有效规避交易风险，便于企业更好地管理碳资产风险敞口；④有助于完善资产配置，满足不同风险偏好投资者的需求。

1. 碳期货

碳期货是指以碳排放权配额及项目减排量等现货合约为标的物的合约，基本要素包括交易平台、合约规模、保证金制度、报价单位、最小交易规模、最小 / 最大波幅、合约到期日、结算方式、清算方式等。对买卖双方而言，交易目的不在于最终进行实际的碳排放权交割，而是套期保值者利用期货自有的套期保值功能，进行碳金融市场的风险规避，将风险转嫁给投机者。

由于碳期货市场需要扎实的碳现货市场支撑，就我国当前现货市场而言，市场尚不成熟，交易品种少，交易规模小，交易价格弹性空间不足，市场主导作用发挥不充分。我国碳期货市场起步较晚，广州期货交易所于2021 年 4 月正式揭牌，将在中国证券监督管理委员会的指导下逐步推进创新型碳期货产品研发，持续关注碳现货市场运行及制度建设情况，在条件成熟时研究推出碳排放权相关的期货品种。全国碳市场的启动，对碳期货市场的推出将起到加速推动作用，有助于进一步促进碳期货及其衍生品市场的发展。

借鉴国外的碳期货发展情况，未来我国的碳期货市场发展潜力非常可观。目前欧盟的碳现货与碳期货同时存在，但碳期货市场交易量远大于碳现货市场交易量，碳期货及其衍生品目前的交易规模占碳排放权交易规模总量的 90% 以上。国际上主要的碳期货产品包括欧洲气候交易所碳金融合约（ECXCFI）、碳配额期货合约（EUA-Futures）和核证减排量期货（CER-Futures）。我国拥有全球温室气体覆盖量最大的碳现货交易市场，有必要借助国外经验推出碳期货产品。

洲际交易所碳配额期货合约 EUA-Futures

EUA-Futures 与一般商品期货并没有明显差异，交割流程与现货交割流程相近。在买卖双方的期货合约中需有明确的商品品种、交易单位、最少交易量、报价、最小变动价位、涨跌幅度、合约月份、到期日、保证金、交货时间、交货地点等信息。洲际交易所期货交易单位为 1 000 单位 CO_2 欧盟配额，即排放 1 000 吨 CO_2 同等气体的权利，最少交易量为 1 000 单位 EUA，最低价格波幅为每吨 0.01 欧元，交易模式为 "T+0"，即交易时间内可连续交易，交易有效期为合同月的最后一个星期一。

2. 碳远期交易

碳远期交易是指买卖双方以合约的方式，约定在未来某一时期以确定的价格买卖一定数量的碳配额或项目减排量等碳资产的非标准化合约。其交易方式一般为场外交易，双方协商确定合约的价格、数量和交货时间等内容，最后以实物交割方式履约。因价格确定，所以碳远期交易不存在价格风险，但由于监管结构较为松散，容易面临违约风险。通过碳远期合约，可以帮助碳排放权买卖双方提前锁定碳收益或碳成本，达到保值的作用。我国碳试点市场中，广州、湖北和上海推出了碳远期产品，其中广州的碳远期产品为非标准化协议的场外交易，采取线下交易，是较为传统的远期协议方式，而湖北和上海的碳远期产品均为标准化协议，采取线上交易，十分接近期货的形式和功能。

 案例 **广州碳排放权交易所备案首单碳排放配额远期交易合同**

2016 年 3 月，广州碳排放权交易所为广州微碳投资有限公司办理了碳配额远期交易合同的备案手续，标志着国内第一单碳排放配额远期交易业务的成功备案。交易对手为两家水泥企业，交易标的为广东省碳排放配额，累计 7 万余吨，帮助企业获取短期融资以改造生产线，同时使企业在履约期前回购碳配额用于履约。

3. 碳期权

碳期权是指买方向卖方支付一定数额的权利金后，拥有在约定期内或到期日内以一定价格出售或购买一定数量标的物的权利。当买方行权时，卖方必须按期权约定履行义务，如果买方放弃行权，卖方则赚取权利金。期权合约标的物包括碳排放权现货或期货。根据交易场所不同，碳期权可分为场内期权和场外期权；根据预期变化方向不同，碳期权可分为看涨期权和看跌期权。

守仁环境和壳牌能源达成全国首笔碳配额期权交易

深圳排放权交易所战略会员广州守仁环境能源股份有限公司与壳牌能源（中国）有限公司通过场外交易的方式，达成全国首笔碳市场碳排放配额场外期权交易协议。本次期权交易共涉及数十万吨碳配额，双方按照约定价格执行碳配额买卖。

4. 碳掉期

碳掉期是以碳排放权为标的物，双方以固定价格确定交易，并约定未来某个时间以当时的市场价格完成与固定价交易对应的反向交易，最终只需对两次交易的差价进行现金结算。

 中信证券、京能源创签署碳排放权配额场外掉期合约

2015 年 6 月 15 日，中信证券股份有限公司（以下简称中信证券）、北京京能源创碳资产管理有限公司（以下简称京能源创）在北京环境交易所正式签署了国内首笔碳排放权配额场外掉期合约，交易量为 1 万吨。双方同意中信证券（甲方）于合约结算日（合约生效后 6 个月）以约定的固定价格向乙方（京能源创）购买标的碳排放权，乙方于合约结算日再以浮动价格向甲方购买标的碳排放权，浮动价格与北京环境交易所的现货市场交易价格挂钩。到合约结算日，北京环境交易所根据固定价格和浮动价格之间的差价进行结算。若固定价格小于浮动价格，则看多方甲方为盈利方；若固定价格大于浮动价格，则看多方甲方为亏损方。北京环境交易所根据掉期合约的约定向双方收取初始保证金，并在合约期内根据现货市场价格的变化定期对保证金进行清算，根据清算结果要求浮动亏损方补充维持保证金，若亏损方未按期补足维持保证金，北京环境交易所有权强制平仓。碳配额场外掉期交易为碳市场参与者提供了一种防范价格风险、开展套期保值的手段。

8.2.3　储备碳减排项目

目前 CCER 尚未恢复签发，但企业应提高自身对碳减排项目储备与开发的意识，先行开展碳减排项目储备，其后通过选择适合的碳减排项目机制，将项目申报为经批准的碳减排项目并签发减排量，开发出实际可用的减排碳资产。待 CCER 机制重启后，通过碳市场减排增汇，用于自身履约，实现企业价值重估。

企业在投资减排项目时，应优先考虑选择优质的、更可能被官方认可的项目，如林业碳汇项目等。2021 年 3 月，生态环境部在《碳排放权交易管理暂行条例（草案修改稿）》中表示，国家鼓励实施林业碳汇等项目的碳抵减效能。2021 年 7 月发布的《"十四五"林业草原保护发展规划纲要》鼓励社会主体参与林草碳汇项目开发建设，提高森林质量和生态系统碳汇增量，指导开展林草碳汇项目开发交易和碳中和行动。林业碳汇作为碳市场的重要交易标的，是成本较低的负排放技术，在碳排放权交易、生态文明建设、应对气候变化、促进森林生态效益价值化等方面具有重大的作用与优势。重点排放单位可以通过购买碳汇实现减碳，进行植树造林及维护森林系统的组织和个人可以通过出售碳汇获益。采取适宜的方法学储备和开发林业碳汇项目，有助于避免因前期合格的林业碳汇项目储备不足导致后期无足够的林业碳汇可供交易的尴尬局面，有效盘活林业资产。

8.3　碳金融产品开发案例

落实碳达峰、碳中和的资金需求体量巨大，且前期垫资投入成本较高，需要积极推进多层次碳金融产品体系的建设。随着试点和全国碳市场的建立，依托于碳排放权交易现货市场的碳金融市场应运而生。围绕碳排放权交易、碳减排项目交易及各种金融衍生品交易，国内各大商业银行与地方试点碳排放权交易所、纳入重点排放单位等市场参与主体开展了一系列的碳金融创新活动。但由于国内碳市场本身的政策局限及起步时间较晚，我国的碳金融市场仍处于发展的初级阶段，对碳金融创新产品的开发上市仍处在探索期，各大银行开展的有关碳金融产品与服务的同质化程度较高，数量相对有限，相关案例仅作为"首单"业务创新，没有形成市场化的常态资产开发机制，尤其是对碳排放权交易二级市场涉及非常少，有待进一步发展完善。随着碳市场规则的不断完善，碳资产相关金融产品将日渐丰富且更有实际意义，参与机构应主动学习了解，积极使用相应的金融工具来对冲市场风险。

8.3.1　融资类金融创新

1．碳质押贷款

碳质押贷款是指银行向申请人提供的以申请人持有的碳资产为质押担保条件，为企业提供融资的授信业务。贷款到期后，申请人正常还款，收回质押物。若申请人无法还款，其质押物将被冻结，银行可拿碳资产入市交易（见图 8-2）。对于碳减排项目业主和碳配额持有者，可将其可交易的碳资产作为主要质押品申请融资，用于支持减排项目建设或企业发展。碳质押贷款采用可交易的碳资产作为主要质押品，为企业盘活碳资产。但目前最大的难点是如何评估未来碳资产的价值，这需要银行积极开发碳资产评估工具，量化系统风险，灵活设置贷款额度和期限等要素。

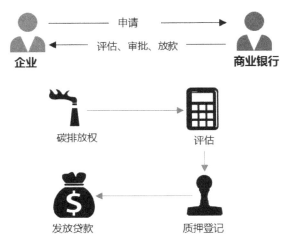

图 8-2　碳质押贷款流程

 案例　建行碳资产质押融资项目

（1）业务简介

中国建设银行（以下简称建行）评估并给予 A 集团碳质押授信额度，建行和 A 集团碳资产公司对提交借款申请的集团下属重点排放单位进行审核。通过后，建行对重点排放单位在集团碳质押授信额度内生成贷款，并办理重点排放单位碳资产质押。若在信贷存续期内发生碳资产不足值的情况，A 集团碳资产公司需要对碳资产承担回购担保责任。

（2）业务受理流程

一是综合评价。建行对 A 集团的财务状况、信用情况等进行深入调查，从风险程度、综合效益等方面进行全面分析，完成建银碳金融线上质押贷款申报，并报上级分行核准。

二是合作准入。建行根据 A 集团的信用状况、项目风险水平、资金周转特点和现金流等因素合理确定专项合作额度后，双方签署业务合作协议，并上报建行总行备案。

三是名单公布。建行总行备案通过后，由建行分行在运营管理平台维护企业信息及专项合作限额。通过专项合作限额进行合作额度总量控制，专项合作限额占用企业授信额度。在借款人支用放款时占用企业融资专项额度，还款后该额度自动实时释放。

四是合作重检。主办银行每年对已准入的企业进行重检，主要对准入条件、经营情况、风险缓释、双方合作关系、潜在风险状况等内容进行重估与确认，原则上每年重检一次。

（3）贷款申请流程

一是贷款申请。借款人通过建信融通有限责任公司（以下简称建信融通）在线发起贷款申请，上传提交企业基础信息、开户信息、融资背景、征信授权等材料，建信融通审核无误后推送建行。

二是贷款审核。通过电子渠道接收贷款申请后，建行和 A 集团分别对企业借款人、自然人借款人进行合规审核。

三是额度确认。A 集团审核后，对借款人签发"碳信"（类似"融信"，经 A 集团确认可承担回购责任的借款人和碳配额）。信贷系统对 A 集团出具的"碳信"进行校验，并按碳排放权质押评估价值进行折算，自动生成贷款额度，实现全线上审批。碳排放权质押评估价值按照建行与 A 集团协议的兜底购买价格确定，同时符合建银现行质押品管理规定，将融资限额（即兜底交易底价）发送借款人进行确认。

碳排放权质押流程如图 8-3 所示。

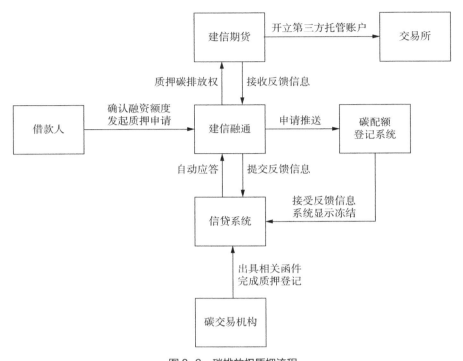

图 8-3 碳排放权质押流程

 CCER 质押融资

2014 年 12 月 11 日，上海银行与上海环境能源交易所签署了碳金融战略合作协议，并与上海宝碳新能源环保科技有限公司（以下简称上海宝碳）签署中国首单 CCER 质押贷款协议。上海银行为上海宝碳提供 500 万元的质押贷款，该笔业务单纯以 CCER 作为质押担保，无其他抵押担保条件。

2015 年 5 月 29 日，浦发银行与上海置信碳资产管理有限公司签署了国家碳排放权交易注册登记系统上线后的首单 CCER 质押融资。

2. 碳回购融资

碳回购融资是指碳资产持有人（正回购方）向碳市场参与者（逆回购方）出售碳资源，并约定在一定期限后按照约定价格回购所售碳资源，获得短期资金融通。这种模式既有助于重点排放单位盘活碳资产，又能满足逆回购方获取碳资产参与碳排放权交易的需求，增加交易双方获利机会，吸引更多资源参与碳排放权交易，提升碳市场的流动性。碳回购融资流程如图 8-4 所示。

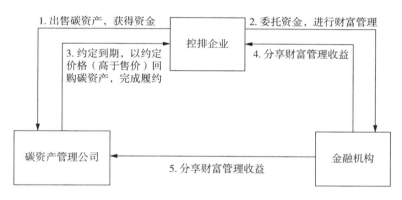

图 8-4　碳回购融资流程

春秋航空碳配额卖出回购项目

（1）业务简介

春秋航空公司、上海置信碳资产管理有限公司（以下简称上海置信公司）、兴业银行在上海环境能源交易所签署了国内首个碳配额资产卖出回购合同。本单卖出回购业务在期初由春秋航空公司与上海置信公司根据合同约定卖出一定数量的碳配额，在获得相应配额转让资金收入后将相应的资金委托兴业银行上海分行进行财富管理。约定期限结束后，春秋航空公司再购回同样数量的碳配额并与上海置信公司分享出售碳配额的资金管理获得的收益。这种碳配额资产管理的模式创新，一方面满足了春秋航空公司作为重点排放单位的碳配额履约要求，另一方面运用兴业银行丰富的财富管理经验和资源，为重点排放单位和第三方机构建立了合作桥梁，充分开发了存量碳资产价值。该模式引入了重点排放单位、碳资产管理公司和商业银行三方共同参与，三方充分发挥各自的市场功能，实现了多方共赢的效果。

春秋航空公司碳回购交易结构如图8-5所示。

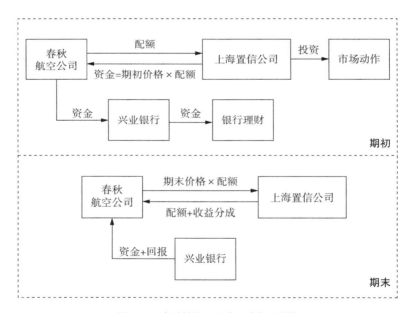

图8-5　春秋航空公司碳回购交易结构

3. 碳债券

碳债券是指发行债券募集资金用于新能源项目建设，债券利率由固定利率和浮动利率两部分组成，其中固定利率部分与新能源发电收益正向关联；浮动利率部分与项目CCER交易收益正向关联。碳债券的投向十分明确，紧紧围绕可再生能源进行投资。碳债券采取固定利率加浮动利率的产品设计，将 CDM 收入中的一定比例用于浮动利息的支付，实现了项目投资者与债券投资者对 CDM 收益的分享。碳债券对于包括 CDM 交易市场在内的新型虚拟交易市场有扩容的作用，它的大规模发行将最终促进整个金融体系和资本市场向低碳经济导向下的新型市场转变。

 案例　中广核风电附加碳收益中期票据

中广核风电附加碳收益中期票据由中广核风电有限公司发行，发行规模 10 亿元人民币，期限 5 年，发行利率 5.65%，无担保，主体及中期票据信用评级均为 AAA。债券利率由固定利率与浮动利率两部分组成，其中固定利率部分与其风力发电收益正向关联，浮动利率部分与发行人下属 5 家风电项目公司在债券存续期内实现的 CCER 交易收益正向关联，浮动利率的区间设定为 5～20BP。作为国内首单与节能减排紧密相关的绿色债券，中广核风电附加碳收益中期票据填补了国内与碳市场相关的直接融资产品的空白。通过在产品定价中特别加入与企业碳排放权交易收益相关的浮动利息收入，使债券投资者可以通过投资本期碳债券间接参与蓬勃发展的国内碳排放权交易市场，实现推进国内碳排放权交易市场发展及跨要素市场债券品种创新的双赢。

8.3.2　资产管理类创新

1. 碳托管

碳托管是指将企业所有与碳排放相关的管理工作（包括减排项目开发、碳资产账户管理、碳排放权交易委托与执行、低碳项目投融资与风险评估等相关碳金融咨询服务）委托给专业碳资产管理机构进行集中管理和交易的活动，以达到企业碳资产增值的目的。该模式有助于整合碳资产管理工作，增加企业碳资产保值增值机会，灵活性强，同时可使企业业务更加专注。

 案例　湖北宜化碳配额托管协议

　　湖北碳排放权交易试点启动后，湖北宜化集团下属的 10 家企业作为强制配额管理企业被纳入湖北省碳排放权交易体系。湖北宜化集团下属公司与武汉钢实中新碳资源管理有限公司和武汉中新绿碳投资管理有限公司分别签署了配额托管协议，共计托管配额 100.8 万吨，在湖北碳排放权交易试点履约期前，托管机构将相应的碳资产如数返还，确保企业履约，同时使湖北宜化集团获得固定收益。

2. 碳保险

　　碳保险是指通过与保险公司合作，对重点排放企业新投入的减排设备提供减排保险，或者对 CCER 项目买卖双方的 CCER 产生量提供保险。碳保险能够为低碳技术的发展提供市场化的保障机制，为低碳产业发展提供有力助推，以及为低碳项目建设提供长期性资金支持，从而发挥其在应对全球气候变化中的积极作用。

　　目前碳保险在实践中主要有以下两大类型：

　　一是林业碳汇保险，是指以天然林、用材林、防护林、经济林及其他可以吸收 CO_2 的林木为保险标的，对林木的整个成长过程中可能遭受的自然灾害和意外事故导致吸碳量的减少所造成的损失提供经济赔偿的保险。该保险根据当地森林树种、胸径等数据，计算出蓄积量，再换算出生物量，最后根据含碳率得出固碳量。该险种以碳汇损失计量为补偿依据，将因火灾、冻灾、泥石流、山体滑坡等合同约定灾因造成的森林固碳量损失指数化，当损失达到保险合同约定的标准时，视为保险事故发生，保险公司按照约定标准进行赔偿。林业碳汇保险具有很强的政策性保险特征，通过增加 CO_2 的吸收量来达到环境保护的目的，保费来源为政府补助和对"三高"企业的惩罚金。

二是碳排放权交易信用保险，是指以碳排放权交易过程中合同约定的排放权数量为保险标的，对买卖双方因故不能完成交易时权利人受到的损失提供经济赔偿的保险。该保险是一种担保性质的保险，为碳排放权交易双方搭建一个良好的信誉平台，有利于碳排放权交易市场的积极发展。

 案例 **中国人寿财产保险推出林业碳汇指数保险**

中国人寿财产保险福建省分公司推出的林业碳汇指数保险在福建省龙岩市新罗区试点落地，该保险将为新罗区林业产业提供 2 000 万元碳汇损失风险保障。以当地林业主管部门作为投保人与被保险人，保险标的为投保地理区域内生长正常且管理规范的生态林和商品林。针对龙岩市新罗区的林业固碳能力，提供年度最高 2 000 万元的保险保障，每年保费 120 万元。当一年中森林累计损失面积达到 232 亩时，视为保险事故产生，起赔金额为 100 万元。根据损失面积的大小，最高赔偿额为 2 000 万元。此举借助保险杠杆，通过政企联合，提高了政府专项资金使用效率，加强了森林资源培育管理。

瑞士再保险公司提供碳信用价格保险

瑞士再保险公司提供的保险产品可以管理碳信用价格波动的风险，并与澳大利亚保险公司 Garant 合作，根据待购买的减排协议来开发碳交付保险产品。

8.3.3 多元化投资类创新

1. 碳基金

碳基金是指由政府、金融机构、企业或个人投资设立基金来募集资金：一是直接参与碳市场交易；二是投资新能源项目，利用新能源项目开发 CCER 入市交易，经过一段时间后给予投资者碳信用或现金回报，帮助改善气候变暖状况。

 湖北成立首个碳达峰和碳中和基金

武汉碳达峰基金是由武汉市人民政府、武昌区人民政府与相关金融机构、产业资本共同成立的，总规模为 100 亿元。该基金立足武汉，面向全国，优选"碳达峰、碳中和"行动范畴内的优质企业、细分行业龙头开展投资。该基金重点关注绿色低碳先进技术产业化项目，以成熟期投资为主；通过资本赋能加快绿色低碳转型提速，助力湖北省武汉市打造绿色低碳产业集群，实现中部绿色产业的崛起；引导金融机构及股权投资机构加强与绿色类企业项目的对接，加大对符合相关条件的绿色类企业的资金支持力度，通过绿色金融推动产业发展。

由武汉知识产权交易所牵头，下属控股公司湖北汇智知识产权产业基金管理公司作为管理人，联合国家电力投资集团、盛隆电气、正邦集团一起成立了募资规模达 100 亿元的碳中和基金。首期将募集 20 亿元，用于企业节能减排设施 / 设备的建设和配置，如养殖场的沼气设施建设，以及节能减排技术创新的投入。

2. 碳理财

我国与碳排放权相挂钩的理财产品，一般都是挂钩国外的碳排放期货及与碳排放有关的信托公司项目的结构性产品。由于碳市场的特性，碳理财产品的风险比普通的理财产品更高。由于市场行情走低，除早期的碳理财产品外，后续的产品收益率持续低迷，难以达到预期。

 深圳发展银行碳理财产品——"聚财宝"飞越计划（人民币）与"聚汇宝"超越计划（美元）

深圳发展银行于 2007 年推出了与碳排放权挂钩的理财产品——"聚财宝"飞越计划（人民币）与"聚汇宝"超越计划（美元），收益主要与在欧洲气候交易所上市的"欧盟第二承诺期的二氧化碳排放权期货合约"（2008 年 12 月合约）的表现挂钩。人民币起购金额为 5 万元，以 1 000 元的整数倍递增，预期年收益率为 7.8%，实际到期收益率 7.345%。美元起购金额为 5 000 美元，以 100 美元的整数倍递增，预期年收益率为 15%，实际到期收益率 14.125%。

3. 碳信托

碳信托是指设立信托或资管计划募集资金：一是直接参与碳市场交易；二是投资新能源项目，利用新能源项目开发 CCER 入市交易。碳信托是碳金融的各个模式与信托的融合，包括碳融资类信托、碳投资类信托和碳资产服务类信托三大类型。碳信托产品有助于增加市场流动性，同时为企业提供碳价格对冲工具，但目前个人投资者的接受度、信托机构的投研和专业团队能力较为欠缺。

碳信托产品结构如图 8-6 所示。

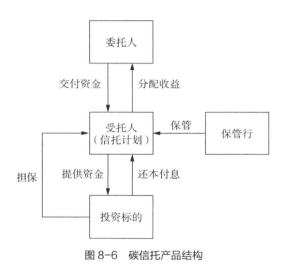

图 8-6　碳信托产品结构

 案例　中航信托 - 航盈碳资产投资基金集合资金信托计划

中航信托股份有限公司与某能源公司、上海盈碳环境技术咨询有限公司共同发起设立了中航信托 - 航盈碳资产投资基金集合资金信托计划（见图 8-7）。该信托计划认购上海航盈碳企业管理合伙企业 10 亿元有限合伙份额，以参与国内碳配额购买及回购业务，盘活重点排放单位的碳配额资产，增加碳资产的流动性。

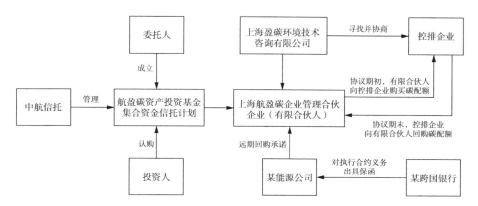

图 8-7　中航信托－航盈碳资产投资基金集合资金信托计划

第 9 章
全国碳市场发展展望

▼

中国是一个发展中国家，高能耗产业比重高，协调经济增长和控制碳排放难度大，市场机制在电力等行业还不完善。

以上因素决定了全国碳市场建设不可能一蹴而就，而是一个分阶段的、不断发展完善的长期工程。"边做边学"将是我国碳市场建设发展的必然路径。展望全国碳市场未来的发展，我们期待碳市场基础制度在近期逐步完善；碳期货等衍生品在不久的将来得以落地并发挥更大作用；碳市场的参与度和专业性得到提高；在远期进一步探索全国碳市场和其他碳市场连接的可能性。

根据全国碳排放交易体系总体设计技术专家组负责人、清华大学能源环境经济研究所所长张希良介绍，从 2021 年开始到 2030 年的碳市场将分两个阶段建设。

第一阶段（2021—2025 年）为碳市场初期运行阶段。在发电行业率先交易的基础上不断增加覆盖范围，到 2025 年，全国碳市场应该扩大到预先设定的 8 个高耗能工业行业，届时碳市场管理的碳排放占全国碳排放总量的 60% 左右。在本阶段，全国碳市场的基本属性总体上是一个基于强度的碳市场。本阶段根据"严控增量"的原则设定全国碳市场的配额总量。配额分配以基于行业碳排放基准的免费配额分配方法为主，逐步提高行业碳基准的严格程度，在条件成熟的行业适时引入拍卖配额分配方法。据张希良教授估算，为了完成我国 2030 年前碳达峰的目标，本阶段的全国碳市场平均碳价不应低于 10 美元 / 吨。

第二阶段（2026—2030 年）为碳市场发展完善阶段。在本阶段，将进一步提高碳市场覆盖行业参与程度和扩大参与企业数量，到 2030 年碳市场管理的碳排放在全国碳排放总量中的占比提高到 70% 左右。考虑到 2025 年后，我国的电力市场机制建设基本完成，将对发电行业不断提高配额拍卖的比例。制造业配额分配以基于行业碳排放基准的免费配额分配方法为主，但要进一步提高行业碳基准的严格程度。对于不会造成明显碳泄漏的行业，适时引入拍卖配额分配方法。因此，在本阶段全国碳市场将发展成为一个混合型的碳市场，既有基于强度的属性，也具有基于总量的属性。本阶段根据"稳中有降"的原则设定全国碳市场的配额总量。据张希良教授估算，为了给我国 2030 年前实现碳达峰和 2060 年实现碳中和创造有利条件，本阶段的全国碳市场平均碳价不应低于 15 美元 / 吨。

9.1 出台法规条例，支撑碳市场建设

如前所述，《碳排放权交易管理暂行条例》的出台已经成为我国碳市场进一步完善的重中之重。2021 年 3 月 30 日，生态环境部发布了《关于公开征求〈碳排放权交易管理暂行条例（草案修改稿）意见的通知》，进一步对修订后的《碳排放权交易管理暂行条例》征求意见。虽然只是征求意见稿，和最终版仍有距离，但其中已经能够体现条例的独特力量。

《碳排放权交易管理暂行条例（草案修改稿）》（以下简称《条例草案》）最值得关注的有以下几点。

9.1.1 明确碳市场的地位和作用

《条例草案》在第一条"立法目的"中明确提出要推动实现碳达峰和

碳中和愿景，促进经济社会发展向绿色转型，进一步明确碳市场在低碳政策乃至产业政策中的地位和作用。在这一指导思想下，《条例草案》的各项条款中，其他行业主管部门在碳市场中的职责更加清晰，也提到了总量目标、有偿分配等切实影响企业的内容。未来碳市场发挥的作用将越来越大。

9.1.2　明确开展跨部门联合监管

《条例草案》的一个重点是协调各部门共同监管全国碳市场，生态环境部主要负责制定相关的技术规范。在《条例草案》中，各部门共同监管全国碳市场体现在两个领域：一是国务院市场监督管理部门、中国人民银行和国务院证券监督管理机构、国务院银行业监督管理机构要参与对全国碳排放权注册登记机构和全国碳排放权交易机构的监督管理；二是国家发展改革委、工业和信息化部、国家能源局等主管部门也要参与对全国碳排放权交易及相关活动进行监督管理和指导。对于前者，我们也许可以期待期货等金融衍生品的出现；对于后者，我们也可以期待对行业更加有长期约束力的配额分配方案。

9.1.3　制定和分配着眼长远的配额总量

碳市场最大的作用是明确行业的排放总量和减排目标，这个作用在《条例草案》中得以体现，而且是生态环境部会同其他有关部门，根据国家温室气体排放总量控制和阶段性目标要求，提出碳排放配额总量和分配方案。下一步国家碳达峰行动方案出台后，碳市场自上而下的配额总量设定就有了依据。

同时，《条例草案》要求根据国家要求适时引入有偿分配机制，并逐步扩大有偿分配比例。加上《条例草案》规定要建立国家碳排放权交易基金，说明有偿分配机制的实施也在计划当中。

9.1.4 提出严格的违规处罚

《条例草案》能够突破生态环境部门规章的限制，对碳市场违规行为提出严格的处罚措施。对于交易主体和核查机构违规，除了对应的罚款，还强调纳入全国信用信息共享平台向社会公布，对于交易违规行为，没收违法所得，处 100 元以上 1 000 元以下的罚款。

但是在未履约处罚上，《条例草案》只处以 10 万元以上 50 万元以下罚款，以及在下一年度扣除未足额清缴配额。虽然比生态环境部现行"二万元以上三万元以下"的罚款要高，但和此前版本的"该年度市场均价计算的碳排放配额价值 2 倍以上 5 倍以下罚款"相比，惩罚力度明显变轻了。

笔者认为，惩罚力度大应是《条例草案》比部门规章力度更大的核心体现，现在 50 万以下的罚款和部门规章 2 万～3 万元的罚款，在部分控排企业价值百万元乃至千万元的配额缺口面前，惩罚力度都显得不足，需要政府配置更多资源督促企业履约，不利于市场健康发展，希望能在正式版中有所变化。

9.2 完善碳市场基础制度

除了出台《条例草案》提供法律支持，主管部门还需要进一步完善全国碳市场的基础制度，强化顶层设计，以碳市场法律法规和政策为导向，加强政策跟踪评估，统筹协调和责任落实，更好地发挥碳市场的作用。

9.2.1 完善监管制度

从政府监管方面，MRV 体系建设是对碳排放权交易数据进行控制的关键环节。主管部门需要通过规范数据报送与核查管理要求，加强核查机构和核查人员的资质管理及能力建设，丰富对相关信息造假行为的处罚手段，不断提升企业碳排放数据的真实性。

将碳市场纳入金融监管范围，持续完善全国碳市场注册登记系统和交易系统，联合金融监管部门实时监控二级市场交易过程中可能出现的风险。不断加大执行力度，限制运行中违约和破坏市场环境的行为，如内幕交易、操纵市场等行为。规范持仓限额和大户报告制度有助于保障监管体系的完备公正和权责分明。

主管部门需要持续提升碳市场信息披露力度，这不仅有助于各交易主体制定交易策略，也有助于进一步发挥外部监督机制的作用。建议主管部门和交易所对排放总量、配额总量、交易量及价格、未履约重点排放单位的惩处情况、完成履约企业的奖励情况及碳市场建立后的减排情况等相关信息进行更加全面的披露，充分发挥社会公众、行业协会、新闻媒体等对碳市场运行的舆论监督作用。

9.2.2　增加纳入行业和主体

全国碳市场首个履约期仅覆盖发电行业年排放量达 2.6 万吨 CO_2 及以上的 2 225 家企业。虽然排放体量巨大，但一个行业内部同质化程度较高的电厂或火电机组碳减排的成本差异并不大。逐步纳入包括航空、造纸、建材等在内更多的高排放行业，引入更多碳减排成本有差异的排放主体，将更有助于碳排放权交易机制真正发挥市场配置作用。预计在"十四五"期间，电解铝、水泥、钢铁、化工、造纸等高耗能行业都有望纳入全国碳市场。这些行业后续的纳入顺序及碳排放量规模预估（根据相关行业协会披露的能源消耗量或碳排放相关数据估算）如图 9-1 所示。

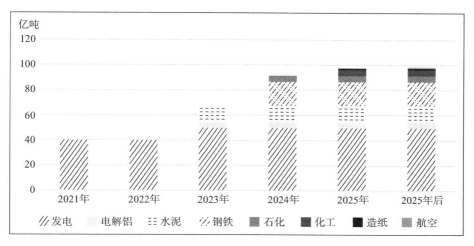

图 9-1　全国碳市场重点碳排放行业纳入顺序及碳排放量规模预估

9.2.3　完善总量设定和配额分配方法

在国务院正式出台《碳排放权交易管理暂行条例》及我国碳达峰"1+N"政策后，生态环境部将根据有关政策，联合行业主管部门确定各行业长期减排目标和碳市场配额分配目标。在"双碳"目标下，从以强度控制为主的碳市场逐步过渡到以总量控制为主的碳市场，通过自上而下的配额分配方案，充分体现碳市场对减排的促进作用。

在具体的分配方法上，生态环境部将优先采用基准线法，通过配额分配方法标尺来调控行业减排压力。对行业基准值在纳入初期难以确定的行业，将联合行业协会和主要企业完善数据收集方案，基于数据制定合适的行业基准值。后期随着碳市场的运行逐步成熟，可以扩大有偿分配比例，并逐步过渡到以拍卖为主的交易模式。

9.2.4　重启 CCER 机制

目前，生态环境部尚未公布 CCER 机制改革的相关安排，但北京绿色交易所作为旧 CCER 注册登记系统的维护单位，已经招标建设新的全国 CCER 注册登记系统和交易系统。相信在不久的将来，CCER 机制将重新启动，支持全国碳市场、试点碳市场、自愿抵消市场及国际航空碳减排市场的需求。

具体工作上，主管部门需要尽快完成对 CCER 项目交易管理办法的修订，根据技术发展情况修订减排方法学，推动重启备案申请，根据全国碳市场的需求制定能够维持市场均衡的抵消规则。在确保 CCER 质量的前提下，尽快重启温室气体自愿减排项目和减排量受理，进一步简化项目审定和减排量核证程序。通过重启 CCER 机制，丰富全国碳市场交易种类，提高市场流动性，提升企业参与碳市场交易的积极性。

9.3　让碳期货等衍生品发挥更大作用

全国碳市场金融创新值得期待。碳期货等衍生品是提高碳市场活跃度、降低价格风险的有效手段。考虑到建设初期要注重防范排放权交易风险，目前全国碳市场暂未涉及期货等碳金融衍生品的交易。但从本质上讲，碳市场金融属性强，具备发展金融衍生品的基础条件。

中国人民银行原行长周小川在多次会议中提出：从金融的角度来讲，碳市场本身也是一个金融市场，需要资金的转换和风险管理，发展有关的金融衍生品。要在好的基础框架上搭建碳期货、碳远期等衍生工具交易，用于引导跨期投资和风险管理。

通过合理的制度设计避免过度投机，在加强风险管理的前提下，适时引入碳期权、碳期货等碳金融产品，有助于鼓励更多企业开展中长期减排项目与减排技术投资。通过为市场参与者提供多样化的交易工具，来活跃碳市场交易，提高市场流动性。同时，发挥碳金融产品的价格发现功能，逐步实现公平合理的碳定价，推动形成全社会范围内的碳价信号，引导减排成本存在差异的不同行业和企业充分借助碳市场的力量实现更有经济效率的减排，从而降低全社会碳排放控制和减排的成本。在碳期货等衍生品市场方面，值得投入力量加强研究论证，推动碳期货等碳金融产品适时落地，从而更好地发挥碳市场的定价机制、交易机制和衍生功能的价值。

9.4　提升碳市场参与度和专业性

目前全国碳市场作为新生事物，各参与主体的积极性与专业性将是其真正发挥作用的有力保障。中国社会各方面逐步在应对气候变化问题上达成良好共识，认识到低碳减排的重要性和碳市场可以发挥的巨大作用。通过建立并完善碳普惠制度，持续开展碳普惠活动，激励个人、小微企业践行低碳行动，推动居民的低碳生活与碳市场相结合，形成了全社会参与意识。

同时，随着全国碳市场的运行和发展、纳入行业企业的增加，以及碳金融的发展，行业、学科的交叉与融合越来越普遍，碳市场相关从业者的专业能力需求将不断提高。全国碳市场建成后，作为全球最大的碳市场，如果拥有一支数量和素质与碳市场规模相匹配的碳市场运行管理队伍，将有效提升政策的执行力度和市场的运行效率。通过对碳市场各参与者开展形式多样的能力培养工作，定期培训和审核，从国外适当借鉴相关技术，引进关键技术人才，可以提高政府部门、重点排放单位、金融机构及第三方核查机构等参与主体和从业人员的专业性，推动低碳技术发展与产品创新。积极引导行业协会、大型企业参与政策法规、配额分配方案等内容的制定过程，基于行业差异性制定符合企业实际情况的政策，形成碳市场政策与行业政策联动，可以提高方案的可执行性，适度减轻重点排放单位的经营压力。

9.5 全国碳市场和其他碳市场连接展望

碳排放权交易体系的一个关键优势是不同的碳市场可以连接起来，创造更大、更具流动性的碳市场。连接将允许某一碳市场的管控企业使用来自另一个碳市场的配额来进行履约。一旦连接完成，不同碳市场中的碳价会实现对接和趋同，从而创造一个共同的碳配额价格。在远期进一步探索全国碳市场和其他碳市场连接的可能性，建立一个运作良好的全球性碳市场，将对碳市场的长远发展发挥重大作用：碳市场覆盖区域更广、体量更大，重点排放单位由此将获得更多、更低价的减排选择，降低碳市场整体减排成本，有助于政府实施更加深入的减排项目和政策。不同区域的企业通过统一的碳市场和碳价参与交易，有助于营造更加公平的竞争环境。市场参与者数量的增加、碳排放权交易的活跃，将有效提升碳市场的抗风险能力，同时彰显应对气候变化的领导力并促进国际合作。

碳市场的连接可以通过不同的形式来实现（见图 9-2）。单向连接允许某一碳市场的管控企业购买另一个碳市场的碳配额来完成履约。双向连接允许碳配额在两个碳排放权交易体系之间进行双向流动。单向连接和双向连接都属于直接连接。除了直接连接，碳市场也可以间接连接。例如，若两个碳市场都承认同一类型的碳抵消项目 CDM，就可以据此进行间接连接。例如，2007 年，挪威、冰岛和列支敦士登加入欧盟碳排放权交易体系；2014 年，美国加利福尼亚州和加拿大魁北克省的碳市场实现了连接。中国碳市场在未来的连接建设中，可以积极吸收这些国家和地区建设相互连接的碳市场的经验和教训，通过开展国际交流与合作，不断提升碳市场建设的有效性和影响力。

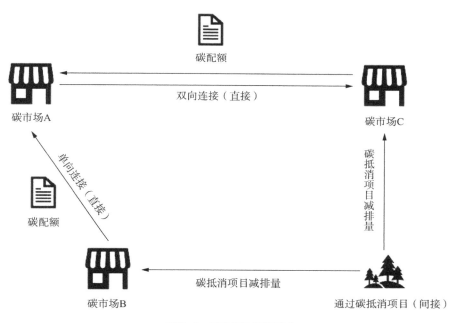

图 9-2　碳市场的连接形式

结　语

自从"双碳"目标提出后，尤其是全国碳市场交易启动后，越来越多的公司开始在碳市场中寻求机会，也有越来越多的学生和职场人士希望在碳市场中寻找职业发展的机遇。中国的"碳圈"兴起于 2005 年，在 2012 年达到高峰后，随着欧盟拒绝来自中国的减排量而陷入低谷。随后就是从业者在碳交易试点和各种低碳试点中砥砺前行，终于迎来了当下的第二次高峰。作为这个过程的亲历者，我一方面对于行业的欣欣向荣感到激动，另一方面也看到行业中存在大量对于碳市场基础知识的需求。

本书虽然也涉及碳市场的基本原理和中国碳排放的技术规范，但更重要的是阐述全国碳市场的政策规定，以及不同的相关方在碳市场体系下的责任和义务。希望各级主管部门的官员、企业管理者、第三方核查机构、交易机构、咨询机构，以及主动或者被动地参与到碳市场工作的相关人士能够有一本工具书，能够知道自己的工作在整个碳市场体系中有什么价值和意义，也能按图索骥地找到相关的标准和政府文件。

需要再次强调的是，全国碳市场已经形成了"政策制定——执行——评估——完善"的正向流程，也形成了一个丰富的行业生态，从不同的角度不断对碳市场进行完善。在本书出版之时，全国碳市场的第二个履约期相关工作已经启动，国家进一步提出了更严格的数据监测要求，修订了电网排放因子，提出了更严格的配额分配方案征求意见稿。未来也会有新的配额方法，CCER 也会重启，请读者阅读完本书后，及时跟踪最新政策进展，不要被本书"过时的"政策信息耽误了本职工作。

　　我认为，无论是之前从未关注过气候变化和碳市场的人，还是一直关注低碳转型下新机遇的人，如果能通过本书增加对碳市场的兴趣和了解，也就意味着这本书的价值得到了认可。

　　非常希望能听到读者对本书的意见和建议。最后，感谢你的阅读与支持。

陈志斌

2022 年 5 月

参考文献

[1] ICAP. Emissions Trading Worldwide: Status Report 2020[R]. Berlin: International Carbon Action Partnership, 2020.

[2] World Bank. "State and Trends of Carbon Pricing 2020" (May), World Bank, Washington, DC. Doi: 10.1596/978-1-4648-1586-7. License: Creative Commons Attribution CC BY 3.0 IGO.

[3] 张希良."一带一路"碳市场机制研究 [R] 北京："一带一路"绿色发展国际联盟，2020.

[4] 何建坤.《巴黎协定》新机制及其影响 [J]. 世界环境，2016(1): 16-18.

[5] 巢清尘，张永香，高翔，等 . 巴黎协定——全球气候治理的新起点 [J]. 气候变化研究进展，2016，12(1): 61-67.

[6] 佟庆，周胜，白璐雯 . 国外碳排放权交易体系覆盖范围对我国的启示 [J]. 中国经贸导刊，2015(16):77-79.

[7] 刘琛，宋尧 . 中国碳排放权交易市场建设现状与建议 [J]. 国际石油经济，2019，27(04): 47-53.

[8] 田翠香，徐畅 . 我国碳排放权交易试点的成效分析与政策建议 [J]. 北方工业大学学报，2019，31(01): 7-14.

[9] 张昕，等 . 我国温室气体自愿减排交易发展现状、问题与解决思路 [J]. 中国经贸导刊（理论版），2017，(23): 28-30.

[10] 李俊峰，张昕 . 全国碳市场建设有七大当务之急 [J]. 中国城市能源周刊，2021-1-14.

[11] 郑爽，等 . 2016 中国碳市场报告书 [M]. 北京：中国环境出版社，2016.

[12] 苏萌，等 . 中国碳排放权交易产品、模式、市场和碳金融衍生品 [Z]. 金杜律师事务所，2017-11-3.

[13] 段茂盛 . 我国碳市场的发展现状与未来挑战 [N]. 中国财经报，2018-03-24(002).

[14] 陈紫菱，等 . 中国碳排放权交易试点发展现状、问题及对策分析 [J]. 经济研究导刊，2019，(07): 160-161.

[15] 宋杨 . 在全社会范围内形成碳价信号 [N]. 中国环境报，2021-1-12.

[16] 中国碳市场 2020 年度总结：实现碳中和目标的穿云箭 [Z]. 气候行动青年联盟 . 2021-1-4.

[17] 何佳艳 . CDM 项目运作指南系列之二：CDM 项目减排量的计算方法 [J]. 投资北京，2010(01):86-88.

[18] 李鹏，吴文昊，郭伟 . 连续监测方法在全国碳市场应用的挑战与对策 [J]. 环境经济研究，2021, 6(01): 77-92.DOI:10.19511/j.cnki.jee.2021.01.005.

[19]《生态环境系统应对气候变化专题培训教材》编委会 . 生态环境系统应对气候变化专题培训教材 [M]. 北京：中国环境出版集团，2019.

[20] 史学瀛 . 碳排放权交易市场与制度设计 [M]. 天津：南开大学出版社，2014.

[21] 清华大学中国碳市场研究中心 . 地方政府参与全国碳市场工作手册 [R]. 北京：能源基金会，2020.

[22] 清华大学能源环境经济研究所 . 全国碳排放权交易体系实务手册 [R]. 北京：生态环境部应对气候变化司，2021.